KB039831

품격있는
안전사회

품격있는 안전사회
❷ 사회재난 편 (상)

초판 1쇄 발행 | 2020년 7월 31일

저자 | 송창영
그림 | 문성준
펴낸이 | 최운형
펴낸곳 | 방재센터
등록 | 2013년 4월 10일 (제107-19-70264호)
주소 | 서울 영등포구 경인로 114가길 11-1 방재센터 5층
전화 | 070-7710-2358   팩스 | 02-780-4625
인쇄 | 미래피앤피
편집부 | 양병수 최은기
영업부 | 최은경 정미혜

© 송창영, 2020

ISBN 979-11-970706-2-4 04500
ISBN 979-11-970706-0-0 04500 (세트)

이 책에 사용된 사진과 자료는 저작권자에게 허락을 받아 게재했습니다.
저작권자와 초상권자를 찾지 못한 사진과 자료는 확인되는 대로 연락드리겠습니다.

※ 책값은 뒤표지에 있습니다.

품격있는
안전사회

②
사회재난 편 상

저자 **송창영 교수**

방재센터

지구상에 인류가 생존하면서부터 인류는 많은 재난을 겪으며 살아왔습니다. 인류가 쌓아 놓은 부와 환경도 끊임없이 닥쳐오는 각종 재난과 전쟁 등으로 인하여 소멸되거나 멸실되었습니다. 인류는 이것들을 재건하거나 사전 대비를 위한 생활을 반복하였다 해도 과언은 아닙니다.

한번 재난이 닥치면 개인은 물론 집단, 지역사회, 나아가 국가까지도 큰 영향을 끼치게 됩니다. 특히 지진, 태풍, 해일, 폭염 등의 자연재해는 매년 반복되고 있습니다. 이를 극복하기 위한 노력과 학습으로 어느 정도의 적응력을 키우기는 하였지만 자연 앞에서 인간은 한없이 연약한 존재에 지나지 않습니다.

우리의 기술이나 문명 등이 부족했던 시대에는 그저 일방적으로 당하기만 하는 숙명적인 삶을 살아왔습니다. 하지만 고대 시대에 이르러 조직적이고 체계적인 국가 차원의 예방 조치가 취해졌고, 재난을 방지하기 위해 많은 노력을 기울였습니다. 중세 시대에 들어와서는 화재에 관한 법률들을 제정하였고 건축물의 배치나 자재 등 다양한 방법을 통해 재난에 대한 대비를 하였습니다. 이처럼 인류는 고대 시대 이전부터 재난을 겪어 왔고, 이는 인류의 문명에 커다란 영향을 끼쳤습니다.

그렇다면 우리가 살아가고 있는 현대사회는 어떨까요?

지금도 마찬가지로 인류는 일상 속에서 안전한 삶을 영유하기에는 너무나 다양한 재난에 노출되어 있습니다. 지구온난화나 세계 각지에서 발생하는 기상이변으로 인하여 집중호우, 쓰나미, 지진 등의 대규모 자연재난뿐만 아니라 폭발, 화재, 환경오염사고, 교통사고 등 다양한 사회재난이 지속적으로 발생하고 있습니다. 이와 같은 다양한 종류의 재난은 심각한 인명 피해와 함께 상상 이상의 사회적 손실을 초래하고 있으며, 이는 한 나라의 경제나 사회 분야에 영향을 줄 만큼 점점 거대화되고 있습니다.

과거 농경사회에서는 주로 자연재난으로 인한 피해를 입었다면, 현대 산업사회와 미래 첨단사회에서는 사회재난이나 복합재난, 그리고 신종재난 등으로 인한 피해로 점차 변화하고 있습니다.

'재난은 왜 지속적으로 반복되고 있는가?'

이 질문이 항상 머릿속을 맴돌고 있습니다. 안전한 생활은 인간이 건강하고 행복한 삶을 누리기 위한 가장 기본 요소입니다.

본서는 남녀노소 누구나 이러한 재난에 대응하기 위하여 *자연재난 편, 사회재난 편, 생활 안전 편*으로 분류하였고 올바른 지식과 행동 요령을 익혀 우리의 생활 속에서 위험하고 위급한 상황에 처하게 되었을 때 어떻게 대처하고 행동하는가에 초점을 맞추었습니다.

1. 사회재난에 대해 남녀노소 누구나 쉽게 이해할 수 있도록 만화로 표현하였습니다.

2. 사회재난의 여러 가지 상황별 대처 요령 및 관련된 사례를 다양하게 구성하였습니다.

3. 재난 전문가의 쉽고 자세한 설명과 다양한 정보가 있어 가정은 물론 기업과 관공서의 교육 자료로도 활용이 가능합니다.

본서를 집필하는 과정에서 많은 도움을 준 여러 실무자 여러분께 진심 어린 감사를 표하며, 본 서적이 모든 국민들에게 도움을 주는 유익한 참고 자료가 되었으면 하는 바람입니다. 특히 정성을 쏟으며 이 만화를 그려 준 문성준 기획팀장과 (재)한국재난안전기술원 연구진과 함께 기쁨을 공유하고 싶습니다.

끝으로 부족한 아빠의 큰 기쁨이자 미래인 사랑하는 보민, 태호, 지호, 그리고 아내 최운형에게 조그마한 결실이지만 이 책으로 고마움을 전하고 싶습니다.

2020년 5월 (재)한국재난안전기술원 집무실에서 **송창영**

Contents ★ 차례

책 활용법

1. 사회재난의 실태를 만화로 알아봐요!

다양한 재난 상황을 그린 만화를 읽으면서 사회재난을 생생하게 체험해요.

2. 실제 발생한 재난 뉴스를 읽어요!

실제로 일어난 사회재난을 뉴스 기사로 읽으면서 사회재난의 심각성을 깨달아요.

3. 재난 대처 요령을 익혀요!

상황별 대처 요령을 익히고, 위급한 상황이 닥칠 때 유용하게 써 먹어요.

4. 재난 지식을 기억해요!

깊이 있는 지식을 다룬 재난 지식 노트를 읽으면서 사회재난에 대한 과학 지식을 총정리해요.

역사를 잊은 민족에게 미래는 없다!

아빠가 다녔던 고등학교란다!

여기가 어디에요?

저벅

저벅

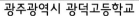
광주광역시 광덕고등학교

여기가 아빠가 학창시절을 보냈던 고등학교에요? 전 처음 와 봤어요.

네가 크면 같이 한 번 와야지 했는데 오늘 이렇게 함께 오게 됐구나.

고등학교 이야기하실 때마다 항상 자부심을 갖고 말씀하셔서 저도 꼭 한 번 와 보고 싶었어요.

하하, 내가 그랬던가? 아버지가 나온 이 학교는 단재 신채호 선생의 후손이 세운 학교란다. 당연히 자부심을 가질 수밖에 없지.

신채호 선생이라면 독립운동을 하셨던 분이라는 건 아는데 자세히는 잘 모르겠어요.

단재 신채호 선생은 조선 말 일제강점기 시절에 활동한 독립운동가이자 언론인이었단다.

단재 신채호(1880~1936)

단재 신채호는 역사학자이지만 일제강점기에 언론인과 독립운동가로 활동한 인물이다. 역사와 문학 저술을 비롯해 대한민국 임시정부에 참여하고, 애국계몽운동을 하는 등 국권 회복을 위해 다양한 활동을 했다.

아, 나라의 독립을 위해 힘쓰신 분이셨군요.

맞아. 신채호 선생이 말한 명언은 너도 많이 들어봤을 거야.

역사를 잊은 민족에게 미래는 없다!

아! 저도 알아요! 수업 시간에 선생님께서 말씀해 주셨는데, 이 유명한 말이 단재 신채호 선생이 하신 말씀이었다니!

그래, 신채호 선생이 어떤 분이었는지 짐작이 가지? 그런데 신채호 선생이 왜 이런 말을 했는지 생각해 본 적 있니?

음, 우리나라의 역사를 잊지 않고 잘 기억하는 게 중요하다는 뜻 아닐까요?

그 말도 틀린 건 아니구나. 단재는 일본의 식민 지배를 받던 험난한 시기를 살아오신 분이야.

그 당시 겪었던 많은 고난과 수난을 잘 기억하고 있어야 미래에 비슷한 상황이 왔을 때 같은 실수를 반복하지 않겠지?

아, 신채호 선생의 말 속에 그런 의미가 있었네요.

앞으로 우리 역사를 바로 알고 제대로 기억해야겠다는 생각이 들어요.

아주 좋은 자세구나. 그럼 아픈 기억이지만 우리가 잊지 말아야 할 역사에 또 어떤 것이 있는지 좀 더 이야기해 주마.

우리나라는 예전부터 외세의 침략을 많이 받았어. 조선 후기 병자호란도 외세의 침입으로 발발한 전쟁이었지.

아! 병자호란은 저도 알아요. 청나라가 엄청난 수의 군대를 이끌고 쳐들어온 전쟁이잖아요.

그래, 잘 알고 있구나. 병자호란은 중국을 차지하고 싶은 당시 청나라의 태종이 조선에 군신관계를 요구하면서 조선을 침공한 전쟁이야.

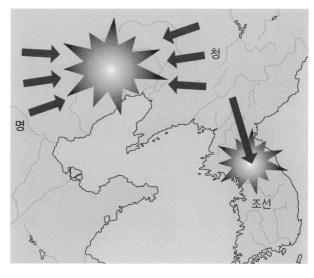

병자호란

1636년 12월부터 이듬해 1월까지 조선과 청 사이에 일어난 전쟁이다. 청의 태종은 명나라를 공격하기 전 안전을 확보하기 위해 조선을 침공했고, 당시 조선의 임금인 인조는 왕실 가족을 강화도로 피신시키고 자신도 강화도로 가려고 계획했다. 그러나 한양 근처까지 진격한 청의 군대로 인해 한양을 지키는 요새인 남한산성으로 피신해 항전했다. 이후 강화도가 청의 군대에 의해 함락되면서 조선은 결국 청나라에 항복했다.

저런…, 너무 안타까워요. 전쟁이 발발하기 전에 막을 수는 없었을까요?

당시 조정의 신하들은 청에 맞서 싸우자는 '척화파'와 지금은 화약을 맺고 훗날을 기약하자는 '주화파'로 나눠서 대립하고 있었어.

결국 척화파의 주장이 힘을 얻으면서 청나라와의 전쟁이 불가피하게 된 거야.

그렇군요. 그럼 청나라에 항복한 이후에 조선은 어떻게 됐나요?

인조는 청나라에 항복하기 위해 청나라 태종이 머물던 삼전도라는 곳을 직접 가야 했단다. 이걸 '삼전도의 굴욕'이라고 하지.

삼전도의 굴욕

병자호란 당시 남한산성으로 피신해 있던 인조는 항복의 예를 행하라는 청 태종의 요구에 응하기 위해 한겨울 먼 길을 걸어 삼전도(현재 서울 송파)에 가야 했다. 그곳에서 인조는 상복을 입고 청의 인사 방식으로 항복의 뜻을 보여야 했다. 당시 청이 요구한 인사는 '삼배구고두(三拜九叩頭)', 즉 큰 절을 세 번 하고 땅바닥에 머리를 아홉 번 박는 것이었다.

이 전쟁으로 인해 조선은 청의 신하국이 됐고, 항복의 대가로 엄청난 배상금을 내야 했어.

세상에! 왜 굴욕이라고 표현했는지 알 것 같아요.

전쟁의 패배로 많은 백성들이 청나라로 끌려가기도 했잖아요.

그래, 왕실 가족을 비롯해서 신하들은 물론 20만 명의 백성들이 청나라에 인질로 끌려갔단다. 이후 겨우 고향에 돌아온 여성들은 사람들에게 천대를 받았지. 이 여성들을 가리켜 '환향녀'라고 불렀단다.

아빠, 우리나라 침략의 역사에서 일본의 식민 통치도 빼놓을 수 없을 것 같아요.

당연하지! 일제강점기는 우리나라 역사에서 빼놓을 수 없는 비극이었어.

먼저 일본이 우리나라를 지배하기 위해 강제로 체결한 조약인 을사늑약에 대해 설명해 주마.

을사늑약은 1905년 일본에 의해 강제로 맺은 조약으로 모두 5개의 조항으로 이루어져 있어서 '을사5조약'으로 부르기도 해.

을사늑약 전문

1. 일본국정부는 재동경 외무성을 경유하여 한국의 외국에 대한 관계 및 사무를 감리, 지휘하며, 일본국의 외교 대표자 및 영사가 외국에 재류하는 한국인과 이익을 보호한다.

2. 일본국정부는 한국과 타국 사이에 현존하는 조약의 실행을 완수하고 한국정부는 일본국정부의 중개를 거치지 않고 국제적 성질을 가진 조약을 절대로 맺을 수 없다.

3. 일본국정부는 한국 황제의 궐하에 1명의 통감을 두어 외교에 관한 사항을 관리하고 한국 황제를 친히 만날 권리를 갖는다. 일본국정부는 한국의 각 개항장과 필요한 지역에 이사관을 둘 권리를 갖고, 이사관은 통감의 지휘하에 종래 재한국 일본영사에게 속하던 일체의 직권을 집행하며 협약의 실행에 필요한 일체의 사무를 맡는다.

4. 일본국과 한국 사이의 조약 및 약속은 본 협약에 저촉되지 않는 한 그 효력이 계속된다.

5. 일본국정부는 한국 황실의 안녕과 존엄의 유지를 보증한다.

당시 이 조약으로 일본은 대한제국의 외교권을 빼앗고 실질적으로 식민 지배를 하려고 했지.

일본에 일방적으로 유리한 내용인 것 같은데 어떻게 이런 조약이 체결될 수 있었던 거죠?

을사늑약이 체결된 과정은 이렇단다.

1905년 11월 17일 일본군이 포위한 상황에서 어전회의가 강제로 열렸다. 이 회의에는 일본 특사인 이토 히로부미와 대한제국 대신들이 참여했는데 이토 히로부미는 조약에 대한 찬성을 강요했다. 조약을 반대한 대한제국 대신은 밖으로 끌려 나갔고 5명의 대신이 조약에 찬성 의사를 밝히면서 이토 히로부미는 조약 성립을 선포했다.

당시 대한제국의 황제였던 고종이 참석하지도 않았고 위임이나 인정도 안 했는데 조약이 성사되다니 말도 안 돼요!

맞아. '조약'이란 양쪽의 합의에 의해서 성사되는 건데 을사늑약은 일본에 의해 일방적으로 체결된 불평등 조약이었어. 그래서 억지로 맺은 조약, 즉 늑약이라고 부르는 게 더 옳은 표현이지.

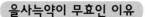

을사늑약이 무효인 이유

1. 일본이 군대를 앞세워 강제적으로 체결했다.
2. 조약에 대한 정식 명칭이 없다.
3. 문서 조작 등을 막기 위한 봉인 없이 부실하게 보관됐다.
4. 조약에 대한 고종황제의 승인이나 서명, 도장이 없다.
5. 국가간 조약으로써의 국제협약 표준이 지켜지지 않았다.

을사늑약 이후 일본은 대한제국의 외교권을 빼앗고 내정간섭을 하게 돼. 그리고 5년 후인 1910년 8월 29일 나라의 국권을 완전히 빼앗지.

1910년 경술년에 강제로 한일병합이 체결되면서 나라를 빼앗기는 치욕을 당한 경술국치를 말씀하시는 거예요?

그래, 아주 잘 알고 있구나. 한일합병, 한일병합 등으로 불리기도 하지만 경술국치라고 하는 게 가장 적합한 표현이지.

주권을 잃은 대한제국의 백성들은 일제의 수탈로 온갖 차별과 착취를 당했단다.

아, 얼마나 고통스럽고 힘들었을까요?

그 와중에 1923년 9월 일본 관동지방에서 큰 지진이 발생했는데 이 지진으로 당시 일본에 거주하던 조선인이 대대적인 학살을 당했지.

일본

피해 범위 지역

● 도쿄
요코하마 ●

진원지

관동대지진 피해 지역

학살이라니! 그게 정말인가요?

그래, 관동대지진에 대해 자세히 설명해 줄게.

관동대지진

1923년 9월 1일 일본 가나가와 현 사가미만에서 리히터 규모 7.9에서 8.4로 추정되는 대규모 지진이 발생했다. 지진은 5분 간격으로 세 차례 발생했고 이 지진으로 10만 명이 넘는 사람이 사망했다. 실종자도 3만 7천여 명에 달했으며 10만 9천여 채의 건물이 파괴됐다.

당시 일본 내무성은 "조선인들이 방화 및 폭탄에 의한 테러나 강도 등을 꾸미고 있으니 조심하라."고 말했고, 일본 신문도 조선인이 폭도로 변해서 우물에 독을 타거나 방화와 약탈을 일삼고 공격한다는 헛소문을 퍼트렸어.

관동대지진과 조선인 학살

관동대지진 이후 퍼진 유언비어로 인해 일부 과격한 일본인들이 조선인을 색출해 살해했고, 이러한 상황을 일본 당국과 언론은 오히려 선동하고 눈감아 주었다. 조선인 학살과 함께 일본 경찰에 요주의 인물로 올라 있던 인권운동가, 반정부 행위자, 사회주의자 등 좌파 계열 운동가들에 대한 학살도 동시에 진행됐다.

세상에! 재난으로 불안해진 사회 분위기와 민심을 조선인 탓으로 돌린 거잖아요.

그래, 맞아!

믿을 수가 없어요. 단지 소문 때문에 아무 잘못도 없는 사람들을 무참하게 죽이다니요. 너무 끔찍하고 잔인해요.

조선인 학살이 극심해질 무렵, 일본 정부는 일본에 있는 조선인들을 보호한다는 명분으로 강제 수용을 진행했단다.

일본 정부는 이 학살이 유언비어 때문이라는 점을 최종적으로 공식 확인했지만 학살로 인한 피해자 수를 축소하고 가해자로 지목된 사람들은 증거가 충분하지 않다는 이유로 무죄를 선고했지.

결국 학살로 인한 피해자는 있지만 이 사건을 책임지는 사람이나 정부 기구는 전혀 없었다는 거군요.

일제강점기가 힘들었다는 건 알고 있었지만 이 정도일 줄 미처 몰랐어요. 많은 사람들이 억울하게 죽임을 당했다고 생각하니 가슴이 아파요.

그래, 게다가 아직도 일제강점기에 입은 피해에 대한 보상이나 사과가 제대로 이루어지지 않고 있어서 이런 사건들을 되새길 때마다 마음이 편하지 않구나.

맞아요, 특히 일본군 위안부 문제는 아직도 제대로 해결되지 않고 있잖아요.

잘 알고 있구나. 그럼 일본군 위안부가 어떻게 해서 생겨났고 피해자들이 어떤 고통을 받았는지 좀 더 자세하게 알려 줄게.

위안부 피해자는 그 수를 파악할 만한 자료가 없어서 확실하게 추산할 수는 없지만 적게는 3만 명에서 많게는 40만 명에 이른다고 보고 있어.

일본군 위안부

제2차 세계대전을 치르고 있던 일본은 일본군의 성적 욕구를 채우기 위해 군 내부에 집단적 성행위 장소, 즉 군대 위안소를 만들고 식민지나 점령지의 여성들을 데려와 그 역할을 하도록 강요했다. 위안부로 끌려간 사람은 우리나라 여성뿐만 아니라 대만, 홍콩, 베트남 등 아시아를 비롯해 영국과 프랑스, 네덜란드 여성까지 포함돼 있었다.

당시 위안부로 끌려간 여성들은 끔찍한 성적 학대를 받았고, 학대로 인한 질병과 임신, 강제 중절수술 등의 큰 고통을 당했지. 거기에 각종 구타와 고문으로 병에 걸리거나 죽는 여성도 많았단다.

하아, 전쟁으로 희생된 분들만 있는 줄 알았는데 여성들까지 이런 고통을 당했다니 너무 안타까워요. 살아서 돌아오신 분들은 지금도 그때의 후유증으로 고통을 받고 계시겠죠?

그래. 전쟁이 끝나 후 가까스로 살아남은 위안부 피해자들은 우리나라에 돌아와서도 편견에 시달려야 했고, 진실이 밝혀진 이후에도 육체적, 정신적 피해로 인한 후유증에 시달리고 있단다.

아빠, 그럼 이 사건에 대해 일본 정부는 어떤 태도를 보이고 있나요?

일본 정부는 일본군 위안부를 인정하지 않으려고 했어. 심지어 정당한 대가를 받았다거나 자발적인 참여였다고 하는 등 사실을 왜곡하기도 했지.

아, 그래서 지금도 위안부 피해자 할머니들께서 일본 정부의 사과를 요구하는 집회를 하시는 거군요.

그렇지. 1992년부터 시작했으니 벌써 20년이 넘었구나.

수요집회

일본군 위안부 문제 해결을 요구하는 집회로 1992년 1월 8일 이후 매주 수요일에 일본대사관 앞에서 정기적으로 집회를 하고 있다. 집회는 지금까지 이어지고 있으며, 2011년 11월 14일 일본대사관 앞에 첫 번째 평화의 소녀상이 세워졌다.

이게 평화의 소녀상이군요. 이걸 보니 일본군 위안부 피해자들을 기리고 다시는 이런 비극이 일어나지 않도록 올바른 역사의식을 가지고 살아야겠다는 생각이 들어요.

아빠가 열심히 설명한 보람이 있는걸! 아프고 부끄러운 역사일지라도 제대로 기억해야만 같은 실수가 반복되지 않는다는 점 잘 새겨두렴.

윤동주의 삶

일제강점기에 태어나 짧은 생을 살다간 시인이자 작가이다. 일본 유학길에 오르는 윤동주를 위해 그의 집안은 *창씨개명을 했고, 윤동주는 이를 괴로워하며 〈참회록〉이라는 시를 썼다. 이후 윤동주는 일본 도시샤 대학에 재학 중인 1943년 항일운동 혐의를 받고 일본 경찰에 체포돼 형무소에 투옥됐고 27세의 나이에 감옥 안에서 세상을 떠났다.

*창씨개명 일본식 이름을 갖도록 강요하는 것.

윤동주 시인은 어릴 때부터 강한 민족의식을 가지고 있었고 일본인의 조선인 억압과 차별, 수탈에 대해 깊은 원망을 품고 있었단다. 조국의 현실을 안타까워하면서 자신이 무엇을 할 수 있는지 깊은 고민을 하는 청년이었지.

쉽게 쓰여진 시
윤동주

창 밖에 밤비가 속살거려
육첩방은 남의 나라,

시인이란 슬픈 천명인 줄 알면서도
한 줄 시를 적어 볼까,

땀내와 사랑내 포근히 품긴
보내 주신 학비봉투를 받아

대학 노트를 끼고
늙은 교수의 강의 들으러 간다.

생각해 보면 어린 때 동무를
하나, 둘, 죄다 잃어버리고

나는 무얼 바라
나는 다만, 홀로 침전하는 것일까?
          ⋮
          (중략)

일제의 억압에 굴복할 수밖에 없는 스스로를 부끄러워했고 그런 그의 생각과 사상이 시 속에 반영된 거지.

여기 걸려 있는 〈쉽게 쓰여진 시〉 역시 그런 윤동주의 심정을 담고 있단다.

아, 그렇구나. 아빠 말씀처럼 윤동주는 자신이 할 수 있는 자신만의 방법으로 독립운동을 한 셈이네요.

그래, 그리고 윤동주의 작품은 문학적으로도 가치가 있지.

어때, 윤동주의 삶과 고뇌를 알고 나니 그의 시가 조금은 다르게 느껴지지?

교토 도시샤 대학교 윤동주 추모비

네! 집에 가서 윤동주 시인의 시를 다시 한 번 천천히 읽어봐야겠어요.

윤동주 시인처럼 문학으로 독립에 대한 열망을 표현한 분 말고 적극적으로 독립을 위해 행동한 분은 누가 있어요?

그 궁금증은 안중근 의사에 대해서 알고 나면 해결될 것 같구나.

맞다! 중국 하얼빈 역에서 이토 히로부미를 저격한 안중근 의사를 잊고 있었네요!

안중근 의사는 1909년 10월 26일 이토 히로부미가 하얼빈에 온다는 소식을 듣고 그를 암살하기로 했어. 이토 히로부미는 열차 안에서 러시아 재무대신과 회담을 나눈 뒤 군대 사열을 마치고 다시 열차로 돌아가는 중이었지.

아, 그럼 안중근 의사는 열차로 돌아가는 이토 히로부미를 권총으로 저격해서 암살한 거군요.

맞아. 조국의 독립을 간절히 원하던 안중근 의사는 을사늑약과 대한제국의 식민지화를 주도한 이토 히로부미를 반드시 처단해야 한다고 생각한 거지.

와. 죽음을 두려워하지 않는 용기가 정말 대단하고 존경스러워요.

저벅
저벅

오늘 아빠 모교에 온 소감이 어떠니?

스

으

아빠의 추억이 있는 모교에 함께 와서 정말 좋았어요. 우리나라의 아픈 역사에 대해 알게 된 것도 의미 있었던 것 같아요.

오늘 여기에 온 보람이 있는걸!

척!

'역사를 잊은 민족에게 미래는 없다'는 단재 신채호 선생의 말씀처럼, 한편으로는 고통스럽고 한편으로는 부끄러운 역사라도 잊지 않고 기억해야 해.

그래야 잘못을 반복하지 않고 미래를 위해 발전할 수 있거든.

아빠가 지금까지 우리나라의 아픈 역사를 설명한 이유는 재난도 마찬가지기 때문이야!

네? 재난도요?

그래, 우리나라는 지금까지 많은 재난을 겪어 왔어. 하지만 예방보다는 대응 위주에 머무르다 보니 비슷한 사고들이 매년 반복해서 일어나고 있지.

맞아요. 특히 재난은 언제, 어디서 올지 모르는데 안전 불감증이 심한 것 같아요.

그래, 우리나라를 '안전 불감증 공화국'이라 부를 정도로 문제가 심각하단다. 모두가 눈물을 흘렸던 세월호 참사와 대구 지하철 화재 사건, 그리고 삼풍백화점 붕괴, 성수대교 붕괴 등 '설마' 하는 안일한 생각들이 수많은 생명을 빼앗아간 대형 참사를 만들었단다. 하지만 우리는 이런 큰 사고들을 겪으면서도 변화한 모습은 보이지 않았지!

세월호 참사가 일어나고 몇 달 뒤에 분당 환풍구 붕괴 사고가 난 걸 보면 정말 그런 것 같아요.

안전 불감증이 우리에게 얼마나 뿌리 깊이 박혀 있는지 알 수 있지.

조금만 신경을 쓰면 일어나지 않을 사고들이잖아요. 너무 안타까워요.

맞아. 재난은 언제, 어디서 발생할지 모르기 때문에 위험 요소를 찾아내고 정기적으로 점검하고, 문제점을 개선해야 미리 예방할 수 있지. 설령 사고가 발생한다고 해도 그 피해를 최소화할 수 있고 말이야.

역시 재난에 대한 대비는 예방이 중요하군요.

지금까지 우리나라는 '성장'이라는 단어를 내세워 안전을 뒤로 한 채 눈앞의 이익만을 쫓아 달려왔어. 하지만 이제부터라도 잠시 멈추고 뒤를 돌아 봐야 한단다!

무엇보다 과거의 재난을 잊지 말고 되새기면서 앞으로 나아가야 할 방향을 찾아야 한다고 생각해.

"역사를 잊은 민족에게 미래는 없다." 는
신채호 선생의 말씀처럼

"재난을 잊은 민족에게 미래는 없다."
이거네요!

우리 사회가 재난으로부터 안전해지려면
가슴 아픈 과거의 재난을 절대 잊지 말고, 원인을
명확히 규명해 같은 재난이 또다시 일어나지
않도록 해야 되겠지!

무엇보다 정부뿐 아니라 국민 모두가
시민의식과 책임감을 갖는다면 우리 사회는
더욱 더 안전한 국가가 될 수 있단다.

네, 저도 항상 아빠 말씀을
되새기면서 안전한 사회를
만들도록 노력할게요!

오래 걸었더니
출출하네요.

그럼 아빠가 고등학교 때
자주 갔던 떡볶이 집에 갈까?

네, 좋아요!

① 화재

후유, 오늘 생일인데 저녁도 혼자 먹고. 외로운 하루네!

서프라이즈!

생일 축하합니다!

생일 축하해!

축하해!

뭐야, 다들 바쁘다고 하더니 이걸 준비하고 있었구나!

사랑하는…….

퍼 어 엉

으~악!

사람 살려!

헐! 커튼에 불이 붙었잖아.
어서 불 꺼!

활 활

활

소화기가 불량인가?

안전핀이 왜
이렇게 안 빠지지?

쿵

쿵

툭

네가 손으로
꽉 누르고 있어서
안 빠지잖아!
땅에
내려놓고 빼봐!

앗, 그렇군!
이제 잘 빠지네!

어떡하지? 불이
점점 번지고 있어!

슈우욱

슈우욱

안 돼, 내 집!

소화기 사용법

❶ 불이 난 곳으로 소화기를 가져간다.

❷ 소화기의 안전핀을 뽑는다.

❸ 바람을 뒤로 하고 소화기 호스를 불이 난 쪽을 향해 잡는다.

❹ 손잡이를 꽉 잡고 불을 향해 빗자루로 쓸 듯이 소화액을 뿌린다.

위험해! 모두 밖으로 나가!

아~ 웃겨, 너무 재미있다!

응?

갑자기 이게 무슨 냄새지?

가스레인지에 냄비 올려놨지?

음식이 타잖아. 빨리 꺼!

무슨 소리야? 가스레인지는 켜지도 않았는데!

그럼 어디서 탄 냄새가 나지?

저, 저기 봐! 연기가 나고 있어.

아래층에서 불이 났나 봐!

뭐라고?

부… 불!

정말 불이 난 건가?

깜짝

안 돼, 열지 마!

왜 열지 말라는 거야?

넌 저번에 삼촌이 하신 말씀 벌써 잊어버렸니?

만약 아래층에서 화재가 발생하면 유독가스가 유입되니 창문을 열어서는 안 된단다.

화재를 감지하는 방법

눈
연기가 보이고 눈이 따가워진다.

코
무언가 타는 냄새가 난다.

귀
사람들의 아우성 소리와 비상벨 소리가 들린다.

피부
뜨거움을 느낀다.

유리가 깨질 수 있으니, 어서 창문에서 떨어져!

철쩍!

헉, 뭐라고?

여보세요, 소방서죠? 우리 집 아래층에서 불이 났어요.

서울시 OO구 OO로 187 501동 810호예요.

빨리 와 주세요.

후다다닥

알겠습니다. 즉시 출동하겠습니다.

소방차 등 긴급자동차 출동 시 양보나 일시정지를 하지 않으면 과태료가 부과됩니다.
도로교통법 상 지정된 긴급자동차는 경찰차와 소방차, 구급차, 혈액 공급차량 등입니다.

소방차 · 구급차 길 터 주는 방법

[출처 : 국민안전처]

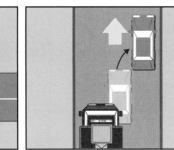

❶ 교차로 : 교차로를 피해 도로 오른쪽 가장자리에 일시정지.

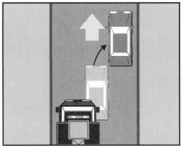

❷ 일방통행로 : 오른쪽 가장자리에 일시정지.

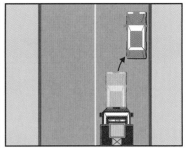

❸ 편도 1차선 : 오른쪽 가장자리로 진로를 양보해 운전하거나 일시정지.

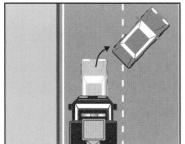

❹ 편도 2차선 : 긴급 차량은 1차선으로, 일반 차량은 2차선으로 양보.

❺ 편도 3차선 : 긴급 차량은 2차선으로, 일반 차량은 1, 3차선으로 양보.

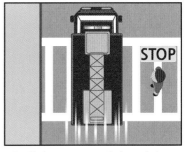

❻ 횡단보도 : 구급차가 보이면 보행자는 횡단보도에서 잠시 멈춤.

1. 스프링클러는 어떻게 작동될까?

스프링클러는 뉴턴의 제 3법칙인 '작용과 반작용의 원리'로 작동한다. 모든 물체에 가해지는 힘은 반대 방향으로 똑같은 힘이 작용한다는 원리로, 스프링클러가 물을 분출하면서 회전하기 때문에 전기 없이도 작동하는 것이다.

2. 스프링클러의 종류

스프링클러는 폐쇄형 헤드와 개방형 헤드로 나뉜다. 폐쇄형 헤드 방식은 습식, 건식, 준비작동식이 있으며, 개방형 헤드 방식은 일제살수식이 있다.

폐쇄형 헤드　　　　　　개방형 헤드

헉!

지금 제정신이야? 불이 나면 엘리베이터는 타면 안 돼!

깜짝

왜?

엘리베이터는 화재가 발생한 층에서 열리거나 정전으로 멈출 수 있고, 안에 갇히면 연기에 질식해 죽을 수 있다. 반드시 비상계단으로 대피해야 한다.

콜록

콜록

그럼 어떻게 내려가? 이렇게 연기가 많은데!

아래로 내려가기 힘들면 옥상으로 대피해야 해!

방화문을 꼭 닫아야 불길과 연기가 퍼지는 걸 지연시키는데 그냥 열어두고 대피했나 봐.

휘이익

화르르

탁

탁

앗, 뜨거워! 옷에 불이 붙었어. 살려 줘!

얼른 바닥에 뒹굴어!

몸에 불이 붙었을 때

❶ 움직이지 말고 그 자리에 멈춘다.
몸을 흔들거나 뛰면 불이 크게 번질 수 있다.

❷ 두 손으로 눈과 입을 가리고 바닥에 엎드린다.
얼굴에 화상을 입거나 폐에 연기가 들어가지 않도록 하기 위해 손으로 눈과 입을 막는 것이다.

❸ 불이 꺼질 때까지 좌, 우로 뒹군다.
휠체어 사용자나 노인처럼 엎드리기 힘든 사람에게 불이 붙을 경우 수건이나 담요를 이용해 불을 꺼 준다.

이 목소리는….

얘들아, 괜찮니?

엄마, 아빠!

타다다락

와락

무사히 탈출해서 다행이야!

삼촌, 너무 무서웠어요.

훌쩍

예전에 삼촌이 화재 대피 방법을 말씀해 주셔서 무사히 빠져 나온 것 같아요.

정말 다행이다.

와락

그런데 화재가 발생하고 얼마 지나지 않았는데 금방 소방차가 도착한 것 같아요.

소방차가 현장에 5분 안에 도착하는 것이 인명 피해를 최소화하는 골든타임이지. 만약 5분 이상 지날 경우 큰 피해가 발생하고, 구조대원이 안으로 들어가기도 힘들거든.

그렇군요.

골든타임 5분

화재로 문 밖으로 나가기 힘들 경우 여러 가지 대피 방법이 있단다.

예전에는 그냥 흘려들었는데 이번 일을 겪으니 확실히 알아야 할 것 같아요.

좋아! 그럼 아파트에서 화재가 발생할 때 할 수 있는 여러 가지 대피 방법을 알려 줄게!

잘 기억해야 한다!

1. 경량 칸막이

아파트와 고층 건축물에는 화재 발생 시 옆집으로 대피할 수 있는 경량 칸막이가 설치돼 있다. 1992년 7월 주택법 관련 규정 개정으로 아파트의 경우 3층 이상 베란다에 세대 간 경계 벽을 쉽게 파괴할 수 있는 경량 칸막이를 설치하도록 의무화했다. 벽을 두드려 보면 통통 소리가 나고 여성과 아이도 발이나 몸으로 쉽게 파괴가 가능한 9 ㎜ 가량의 석고보드로 만들어졌다.

2. 하향식 피난구

건축법 시행령 제46조 제5항에 의거 4층 이상의 아파트에서는 직하층으로 피난할 수 있는 경량 칸막이 또는 접이식 사다리를 설치하게 돼 있고 최근에는 초고층 건물과 아파트에 하향식 피난구가 많이 설치돼 있다.

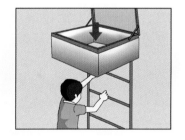

3. 대피 공간 이동 후 사다리차를 통한 피난

건축법 시행령 제46조 제4항에 의거 아파트로써 4층 이상인 층의 각 세대가 2개 이상의 직통 계단을 사용할 수 없는 경우에는 인접 세대와 공동으로 또는 각 세대별로 대피 공간의 설치 기준에 맞는 공간을 발코니에 하나 이상 설치해야 한다. 외부 피난이 불가능한 경우 대피 공간으로 이동해 외부와 접한 창문에 사다리차를 통해 피난할 수 있다. 이때 사다리차는 비상차량 동선에 따라 전개 각도를 감안해 위치 선정을 한 뒤 구조 활동을 실시해야 한다.

비상차량 진입 동선

4. 완강기

완강기는 가슴에 안전벨트를 고정시켜 건물 밖으로 나오면 스스로의 무게에 의해 자동으로 강하하는 것으로써 여러 명이 교대로 반복 사용할 수 있고 남녀노소 누구나 손쉽게 조작할 수 있다. 피난기구의 화재안전기준 제4조에 의해 4층 이상 10층 미만의 아파트에서 층별로 1개 이상 설치해야 하며, 계단실형 아파트의 경우 각 세대마다 설치해야 한다.

완강기 사용 방법

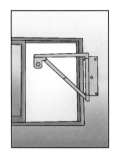    

❶ 지지대를 창밖으로 꺼낸다.

❷ 지지대 고리에 완강기 후크를 건다.

❸ 릴(줄)을 창밖으로 던진다.

❹ 완강기 벨트를 가슴에 안전하게 건다.

❺ 벽면을 타고 안전하게 내려간다.

5. 화재 발생 시 옥상

아파트에 화재가 발생하거나 비상시 아래로 내려가지 못하고 옥상으로 대피해야 될 상황이 있다. 평소에는 옥상 문이 잠금 상태로 돼 있지만, 화재 등 비상시에는 자동적으로 해제돼 주민들의 피난로를 제공해야 한다. 주택건설기준 등에 관한 규정 제16조의 2 제3항에서도 "아파트 옥상 출입문은 화재 발생 시 소방 시스템과 연동돼 자동으로 열리는 '자동개폐 비상문'을 설치해야 한다. 다만, 대피 공간이 없는 옥상의 출입문은 제외한다."라고 명시하고 있다.

비상문 자동개폐장치 설치도

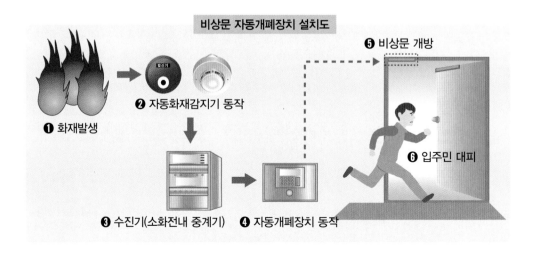

❶ 화재발생
❷ 자동화재감지기 동작
❸ 수진기(소화전내 중계기)
❹ 자동개폐장치 동작
❺ 비상문 개방
❻ 입주민 대피

청소년 수련원에서 화재 발생

1999년 경기도 화성군 서신면 청소년 수련시설인 씨랜드 청소년 수련원에서 화재가 발생해 유치원생 19명과 인솔 교사 4명 등 23명이 숨지는 참사가 발생했다.

씨랜드 수련원은 1층 콘크리트 건물 위에 52개의 컨테이너를 쌓아 3층까지 객실로 만든 임시 건물로, 청소년 수련원으로 이용하기에는 위험 요소가 많은 부적합한 구조물이었다.

생활관에 화재경보기가 있었지만 불량품이었고, 사용하지 않은 소화기들도 발견됐다.

화재 원인은 모기향 불이 가연성 물질에 접촉되면서 발화된 것으로 나타났다.

유치원생들은 화재 등 돌발 상황에 대해 스스로 대처할 능력이 없어 사고 앞에 완전히 무방비 상태였다.

조사 결과 인솔자들은 음주 등으로 아이들을 방치한 것으로 드러났다. 결국 인솔 교사와 보호 의무자들의 무책임이 빚은 대형 참사였다.

참사로 희생된 아이들 중엔 전 필드여자하키 국가대표 김순덕 씨의 아들도 포함돼 있었다. 이 사건으로 김순덕 씨는 공로로 받은 체육훈장과 국민훈장을 반납하고 뉴질랜드로 이민을 갔다.

결과적으로 이 사건은 안전에 대한 무감각이 일으킨 대형 참사였다.

/ 재난뉴스 기자

재난대처방법 화재

화재 시 대피 방법 ❶

☐ 불을 발견하면 '불이야!' 하고 큰소리로 외쳐서 다른 사람에게 알리고 화재 경보 비상벨을 누른다.

☐ 엘리베이터는 절대 이용하지 말고, 계단을 이용한다.

☐ 아래층으로 대피가 불가능할 때는 옥상으로 대피한다.

☐ 낮은 자세로 안내원의 안내를 따라 대피하고, 불길 속을 통과할 때는 물에 적신 담요나 수건 등으로 몸과 얼굴을 감싸 준다.

화재 시 대피 방법 ❷

☐ 방문을 열기 전 문손잡이를 만져보고 뜨겁지 않으면 문을 조심스럽게 열고 밖으로 나간다. 만약 손잡이가 뜨거우면 문을 열지 말고 다른 길을 찾는다.

☐ 대피한 경우에는 바람이 불어오는 쪽에서 구조를 기다리고 밖으로 나온 뒤에는 절대 안으로 들어가지 않는다.

☐ 다른 출구가 없으면 구조대원이 구해 줄 때까지 기다린다.

화재 시 대피 방법 ❸

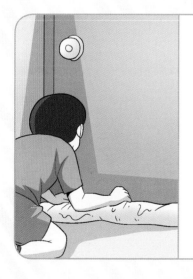

☐ 연기가 방 안에 들어오지 못하도록 물로 적신 옷이나 이불로 문틈을 막는다.

☐ 연기층 아래에는 맑은 공기층이 있으므로 연기가 많은 곳에서는 팔과 무릎으로 기어서 이동한다. 단, 배를 바닥에 대고 가지 않는다.

☐ 젖은 수건 등으로 코와 입을 막아 연기가 폐에 들어가지 않도록 한다.

☐ 옷에 불이 붙으면 두 손으로 눈과 입을 가리고 바닥에서 뒹군다.

역사 내 화재 발생 시

☐ 화재용 비상벨 버튼을 눌러 모든 사람에게 화재 사실을 알린다.

☐ 비상 전화기를 통해 종합관제소로 연락하거나 벽 등에 부착된 긴급 연락 전화번호 및 119로 신고한다.

☐ 화재 초기에는 역사 안에 비치된 소화기와 소화전을 사용해 불을 끈다.

☐ 역무원 및 소방관 등의 안내에 따라 질서 있게, 신속히 대피한다.

열차 내 화재 발생 시 ❶

☐ 객실 끝에 위치한 비상통화 장치로 승무원과 통화해 화재 사실이 기관사 또는 차장에게 통보되도록 한다.

☐ 국번 없이 119에 화재 사실을 신고한다.

열차 내 화재 발생 시 ❷

☐ 객실 양끝에 비치된 분말 소화기를 꺼내 안전핀을 뽑은 뒤 신속히 진화한다.

☐ 좌석 양옆 아래쪽에 위치한 비상콕크를 앞쪽으로 당긴 뒤 출입문을 양쪽으로 열어 탈출한다.

☐ 선로에 내릴 땐 다른 열차가 오는지 주의해서 살핀다.

재난지식 노트 ....

화재의 종류를 알고
안전 수칙을 기억해요!

화재란?

사람의 의도와 상관없이 발생하거나 고의에 의해 일어나는 방화로, 소화시설 등을 사용해 소화할 필요가 있는 것.

화재 발생의 원인

화재가 발생하기 위해서는 나무나 종이와 같은 가연물이나 성냥, 라이터와 같은 점화원, 공기(산소)가 반드시 필요하며 이것을 불(연소)의 3요소라고 한다. 따라서 이 중 하나를 제거하거나 줄이게 되면 화재를 예방하거나 소화할 수 있다.

불의 3요소

가연물

O_2 산소 ＋ 점화원

전기 화재 ☆ 꼭 기억하자!

❶ 전선의 합선 또는 단락.

❷ 정전기로부터 불꽃이 발생할 경우.

❸ 규격 미달의 전선 또는 전기기계기구 등의 과열.

❹ 누전이나 과전류(과부하).

❺ 배선 및 전기기계기구 등의 절연 불량 상태.

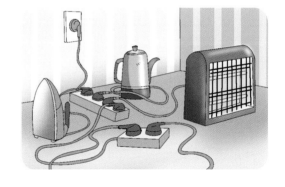

가스 화재 ☆ 꼭 기억하자!

❶ 사용자의 가스기구 직접 교체로 인한 부주의.

❷ 실내 용기 보관 잘못으로 가스 누설 및 폭발.

❸ 점화 미확인으로 인한 가스 누설로 폭발.

❹ 환기 불량에 의한 질식.

❺ 가스 누설 경보기의 미설치로 인한 미인지.

❻ 가스 사용 중 장시간 자리를 비웠을 경우.

❼ 인화성 물질(연탄 등)을 동시 사용했을 경우.

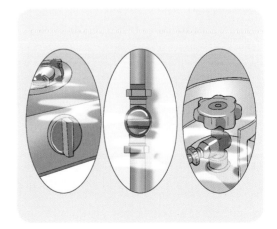

유류 화재 ☆ 꼭 기억하자!

❶ 석유난로에 불을 끄지 않고 기름을 넣은 경우.

❷ 주유 중 새어나온 유류의 유증기가 공기와 혼합된 상태에서 불씨가 닿은 경우.

❸ 불을 켜놓고 장시간 자리를 비운 경우.

❹ 난로 근처에 불에 타기 쉬운 물건을 놓을 경우.

기타 화재 ☆ 꼭 기억하자!

❶ 용접 작업 간 부주의 및 안전조치 소홀.

❷ 담배 불씨로 인한 화재나 불장난.

❸ 화기 사용 장소 및 위험물 저장소 주위의 화기 사용.

화재의 유형별 분류

❶ 건물 화재 : 건축물, 구조물 또는 그 수용물의 화재.

❷ **자동차 · 철도 차량 화재** : 자동차, 철도 차량 및 피견인차 또는 이들이 적재한 물체의 화재.

❸ 선박 화재 : 선박 또는 선박이 적재한 물체의 화재.

❹ **항공기 화재** : 항공기 또는 항공기가 적재한 물체의 화재.

❺ 산림 화재 : 산림, 야산, 들판의 수목, 잡초, 경작물의 화재.

❻ **위험물 화재** : 유류, 가연성 가스, 방사선 동위원소, 화공약품 등의 연소 또는 폭발에 의한 화재.

화재 예방을 위한 안전 수칙 ☆ 꼭 기억하자!

(1) 가스화재 예방

❶ **사용전 - 환기** : 가스불을 켜기 전 냄새 확인 후 환기.

❷ **사용 중 - 점화 확인** : 점화 시 불이 붙었는지 확인.

❸ **사용 후 - 밸브 잠금** : 사용 후 점화 밸브와 중간 밸브 잠금.

❹ **평상시 - 누출 점검** : 가스가 새는지 비눗물 등으로 수시 점검.

(2) 전기화재 예방

❶ 규격 전선을 사용하고 전기 공사는 면허 업체를 통해 한다.

❷ 누전 차단기는 월 1회 이상 정상 동작을 확인한다.

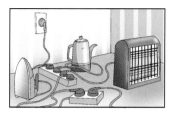

❸ 하나의 콘센트에 여러 개의 플러그를 접속시켜 꽂지 않는다.

소방차 거점 공간

❶ 고가 차량이 구조 작업을 하기 위해서는 H형 또는 A형의 아웃리거를 펼쳐야 하며, 경사도는 종·횡 방향 모두 5 % 이하가 유지돼야 한다. 이에 따라 최소 폭은 4.5 m 이상, 길이는 10~12 m 이상을 확보한다.

❷ 국내 소방차량 회전반경은 6.9~9.7 m이며, 전장은 6.12~12 m에 달하고 있다. 이에 따라 회전반경의 거리는 내부 5.5 m 이상, 외부 10.7 m 이상으로 설계해야 한다.

고가차량명	보유 현황	중량 (Ton)	회전반경 (R)	전장 (m)	전폭 (m)	전고 (m)	내부회전 (m)	외부회전 (m)
52 m 고가사다리차	18	26.5	9.5	11.5	2.49	3.95	5.2	10.7
46 m 고가사다리차	92	23.5	9.5	11.4	2.49	3.95	5.2	10.7
32 m 고가사다리차	16	21	9.5	11.2	2.49	3.90	5.2	10.7
61.5 m 굴절차	1	40	9.7	12	2.50	3.70	5.0	11
35 m 굴절차	20	24.5	9.6	10.76	2.49	3.85	5.1	10.7
27 m 굴절차	93	21.4	9.5	11.68	2.49	3.85	5.3	10.6
18 m 굴절차	68	14~18	9.5	10.08	2.48	3.75	5.4	10.5
대형 소방펌프차	719	13.1	9.0	8.63	2.49	3.35	5.5	9.9
중형 소방펌프차	660	8.5	7.7	7.6	2.23	2.85	4.4	8.6
소형 소방펌프차	691	3.9	6.9	6.12	2.18	2.15	3.9	7.7

국내 소방차 제원에 따른 회전반경

구조 및 소화 활동 공간의 필요 범위

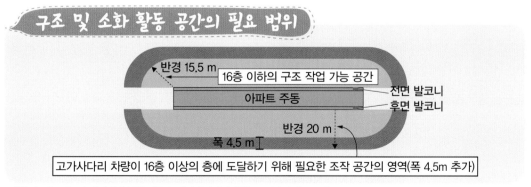

[출처 : 초고층 및 지하연계 복합건축물 재난관리개선대책, 국민안전처, 2009]

우리나라 화재 사고

(1) 대연각호텔 화재

1971년 12월 25일 오전 9시 50분경 서울특별시 중구 충무로동의 대연각호텔 1층 커피숍에서 프로판가스가 폭발해 화재가 발생했다. 불은 건물 내부와 바닥에 있던 카펫에 번지면서 순식간에 위층으로 확산됐다. 화재가 발생하고 1시간 30분이 지난 11시 20분경, 이미 불은 호텔 꼭대기 층까지 옮겨 붙어 21층 호텔 전체가 불길에 휩싸였다. 서울 시내 모든 소방차들이 출동했지만 강한 바람으로 불길을 잡기 힘들었고, 그 당시에는 호텔 건물이 워낙 고층이라 소방차로는 사람들을 구조하기 어려웠다. 당국은 대통령 전용 헬기와 공군, 육군 항공대 그리고 미군 헬기를 지원받아 화재 현장에 투입했다. 하지만 불길이 너무 강해 이 헬기들도 화재가 난 호텔에 접근하기 어려웠다. 결국 불이 난 지 10시간이 지나서야 겨우 화재를 진압할 수 있었다. 대연각호텔에서 발생한 화재로 사망 166명(추락사 38명), 부상 68명,

행방불명 25명의 인명 피해가 발생했고, 이 화재는 세계 최대의 화재 사고 중 하나로 기록됐다.

(2) 동해안 산불

우리나라 최대 산불로 기록된 동해안 산불은 2000년 4월 7일~15일까지 9일 동안 강원도 고성군 및 경상북도 울진군 등 동해안 지역 5개 시·군에서 동시다발로 발생한 사건이다. 동해안 산불은 강원도 고성군 토성면 학야리 육군 모부대 뒤 운봉산에서 발생해, 순간 최대풍속 초속 27 m의 강풍을 타고 동해와 삼척을 거쳐 경북 울진까지 확산돼 백두대간을 포함해 5개 시·군의 울창한 산림 2만 3,794 ㏊를 며칠 사이 잿더미로 만들었다. 이 면적은 서울 남산 면적의 78배로 지난 19년 동안 우리나라에서 발생한 전체 산불 피해 면적과 맞먹을 정도의 대형 산불이었다. 이 산불의 피해로 2명이 숨지고 15명이 부상을 당했다. 또 건물 101동, 주택 390동이 불에 탔고, 850여 명의 이재민이 나왔다. 산림청은 산불이 발생하면 다시 원상태로 숲을 복구하는 데만 수십 년이 걸리는 것으로 분석했다.

(3) 대구 지하철 화재

2003년 2월 18일 오전 9시 53분, 대구 도시철도 1호선 중앙로역에서 방화로 인한 화재가 발생했다. 당시 뇌졸중을 앓고 있던 정신지체 장애인이 신변을 비관해 휘발유가 담긴 페트병을 이용해 불을 지른 게 원인이었다. 당시 1079호는 중앙로역에 정차 중이었고 출입문이 열려 있던 상태라 많은 승객들이 대피할 수 있었다. 그러나 지하철 사령실에서 운행 중지 조치를 취하지 않아 반대편 선로에 1080호가 정차하고 말았다. 게다가 1080호의 기관사가 마스터콘트롤 키를 뽑고 탈출하는 바람에 출입문이 자동으로 닫혀 많은 인명 피해를 초래했다. 대구 지하철 화재 사고로 인한 피해는 인명 피해 340명(사망 192명, 부상 148명), 재산 피해 614억 7,700만 원이 발생했고, 사상자 구조와 응급조치, 병원 후송 인력 1,116명과 장비 158대가 동원됐다.

(4) 숭례문 화재

2008년 2월 10일 저녁 8시 50분경 숭례문 주변 도로를 지나던 택시 기사가 숭례문 2층 누각 왼쪽에서 연기가 발생하는 것을 목격해 119에 신고했다. 방화자는 자신의 토지 보상 문제에 불만을 품고 계획적으로 방화하기 위해 숭례문 2층 누각에 침입, 미리 준비한 시너에 불을 붙이고 도주했다. 숭례문 화재는 신고가 들어온 지 5시간을 넘겨서야 완전하게 진화됐지만, 상층부의 90 %가 훼손되고 말았다. 숭례문의 화재로 부실한 문화재 관리가 문제로 떠올랐다. 안전 대책 없이 문화재를 개방하는 것과 관리 업체의 늑장 대응, 그리고 화재 감지 장치의 미설치 등 많은 문제가 노출됐다. 문화재청에서는 소실된 숭례문을 원형에 가깝게 복구할 계획을 발표한 뒤 2013년 5월 4일, 총비용 245억 원과 연인원 3만 5,000명을 동원해 복구 작업을 진행한 끝에 5년 3개월 만에 숭례문은 시민들의 품으로 돌아왔다.

안전 대책의 미비로 국보 1호가 불에 타는 안타까운 순간이었죠.

전력은 우리 사회를 지탱하는 혈액과 같은 에너지입니다. 그런데 만약 전력 공급이 중단돼 대규모 정전 사태가 오면 어떻게 될까요?

'블랙아웃'. 다시 말해 대규모 정전 사태가 오면 상수도 단수, 통신망, 은행 전산망, 지하철 및 통신호체계, 승강기, 그리고 산업설비의 가동 중단으로 큰 피해를 입게 됩니다.

Black Out

만약 정전이 오랫동안 지속되면 원자력 발전소에 냉각제 순환펌프가 돌아가지 않아 큰 사고가 일어날 수 있습니다. 또 국가 안보시설인 군부대가 제 기능을 발휘하지 못해 휴전선에서 직선거리로 불과 40 km밖에 안 되는 서울은 북한의 공격 대상이 되고 국가 안보에 치명적인 위기가 닥칠 수밖에 없을 것입니다.

2011년 9월 15일 우리나라에서 발생한 정전 사태는 중소기업에 주된 피해를 줬고, 비상 구조 1,907건, 승강기 갇힘 사고 등으로 2,905명, 군사시설 124개소가 정전으로 심각한 피해를 입었습니다.

우리나라뿐만 아니라 다른 여러 나라에서도 정전의 피해는 무서웠습니다. 2006년 11월 4일 독일에서 전력망에 과부하가 걸렸고, 유럽의 변전소들이 차례로 송전을 자동 중단하면서 서유럽 전역에 1시간가량 전기가 끊기고 수천만 명이 불편을 겪었죠.

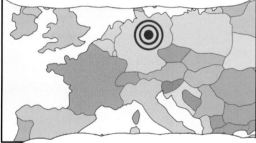

1998년 2월 20일 뉴질랜드는 40년 된 가스 지중 송전선로의 고장으로 66일간 정전이 돼 국가 전체에 큰 타격을 입었고, 1977년 7월 13일 미국 뉴욕의 낙뢰로부터 비롯된 2일간의 대정전으로 물질적 피해와 3,000건이 넘는 약탈, 방화가 자행돼 사회적으로 큰 혼란을 일으켰죠.

또한 1999년 7월 29일 지진과 폭풍우로 인해 발생한 타이완 대정전은 디지털 첨단산업에 큰 피해를 줬습니다. 이처럼 블랙아웃으로 정말 상상할 수 없는 재난이 발생하는데 적절한 대응과 복구가 강구되지 않는다면 나라의 안보는 물론 국가적 위기까지 올 수 있습니다.

이처럼 자연적, 사회적 모든 재난의 대소경중(大小輕重)을 떠나 정전 사태는 매우 중요하다는 걸 알 수 있습니다.

콰르르릉

콰르르릉
번쩍

파악

큰일입니다.
송전선에 벼락이
맞았나 봅니다.

과전류를 방지해야 하니
보호계전기를 작동하고
이 지역에 전력공급을
중단시켜!

네, 알겠습니다.

아빠, 이따 큰아빠
집에서 저녁 먹는 거
잊으시면 안 돼요!

그래, 이따 보자!

쿠르르르

어! 곧 비가
쏟아질 것 같네.
그냥 집에
돌아가야겠다.

천둥소리는 왜 나는 걸까?

번개가 내리칠 때 높은 열로 인해서 주변의 공기는 순식간에 급격히 팽창하고 공기가 다시 급속도로 냉각되는데 이 과정에서 충격파가 생기고 천둥소리가 나는 것이다.

어! 불이 꺼졌네.

갑자기 이게 무슨 일이야?

설마 이 지역 전체가 정전이 된 건가?

앗, 따가워!
정전기잖아!

정전기가 생기는 원리

정전기는 물체간의 마찰에 의해 발생한다. 우리 몸에서 다른 물체와 마찰해 전자를 주고받으면 전기가 모이게 된다. 이때 한도 이상의 전기가 쌓이고 유도체와 접촉하면 스파크가 일어나는데 이것이 정전기다.

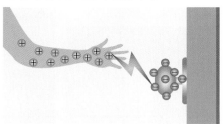

오늘 가족 모임 저녁 식사는 우리 집에서 하니 음식 재료 좀 사야지.

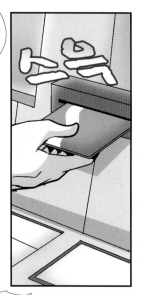

어머, 이게 갑자기 왜 이러지?

그냥 꺼졌네!

돈이 왜 안 나오는 거야?

집 계약금을 줘야 하는데 큰일이네!

정전인가 봐요! 어떡하죠?

하필 이럴 때 정전이람!

송 부장, 이 기획서 오늘 안으로 수정 부탁해!

네, 알겠습니다!

에휴, 또 일이 쌓이네!

팟-

팟-

응, 왜 이러지?

어떡해! 파일 저장을 안 했는데!

다 날아가 버렸어!

전기를 사용하는 컴퓨터나 정밀 기기 등은 정전의 피해를 줄이기 위해 무정전 전원공급장치(UPS)를 설치하고 정전을 감지할 수 있는 시설과 비상용 예비 발전기를 갖춰 피해를 줄이는 것이 좋다.

UPS

아빠도 참! 날씨도 우중충한데 무슨 자전거를 타신다고….

어! 갑자기 불이 꺼졌네!

지하철도 천천히 멈추고 있잖아! 대체 무슨 일이지?

웅성 웅성

승객 여러분 죄송합니다. 갑작스러운 정전으로 열차가 멈췄습니다.

열차 기관사

모두 문을 열고 밖으로 대피해 주시기 바랍니다.

갑자기 웬 정전이야?

다음 정거장까지 꽤 먼데, 어떻게 걸어서 가나….

엘리베이터의 원리

엘리베이터는 '밧줄의 다른 한쪽을 잡아당기면 당긴 만큼 물체가 들리는 원리'로 작동한다. 도르래, 케이블, 승강기, 평형추로 구성된 엘리베이터는 가장 위에 달린 전기모터가 도르래를 돌려서 쇠줄을 풀고 감는 것을 반복하고 최대 정원 40~50 % 무게의 평형추는 전동기의 부하를 줄여 주면서 엘리베이터를 작동시킨다.

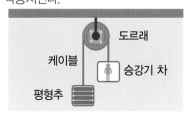

119에 전화해
보셨나요?

네, 지금 도시 전체가 정전이 돼서 119
구급차도 다른 곳으로 먼저 갔나 봐요.

시간이 좀 걸린다고 합니다.

여기에서 제일 가까운 큰
병원이 7 km 거리에 있네요.

응? 마침 잘됐네!

죄송하지만 아이가
위급해서 포대기 좀 잠시
빌릴게요.

네? 네, 네!

제가 아이를 병원까지 잘 데려갈 테니 걱정하지 마시고, 대한종합병원으로 바로 와 주세요.

네, 감사합니다. 저도 빨리 갈게요.

우리 딸을 잘 부탁합니다.

자전거 용품 판매점

어린이용 헬멧 좀 주세요.

네!

마침 저기 자전거 용품점이 있구나!

이제 됐다.

아가야, 조금만 참아라! 아저씨가 병원에 빨리 데려다 줄게!

자전거 방향 지시 방법

| 좌회전 | 정지 | 우회전 | 앞지르기 | 서행 |

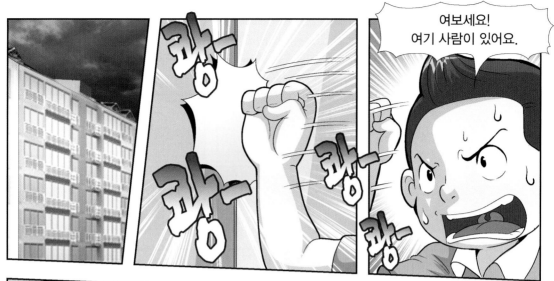

어떡해! 어두워서 꼭 귀신이 나올 것 같아 무서워!

세상에 귀신이 어디 있다고 그래?

난 영화처럼 큰 사고가 날까봐 걱정인데 말이야.

무슨 사고?

엘리베이터 로프가 끊어져서 아래로 추락하는 사고 말이야!

으~~앙! 상상만 해도 끔찍해!

그건 영화일 뿐 절대로 그런 일은 일어나지 않는단다.

그게 정말인가요?

그럼! 비상 장치가 달려 있어 안전하거든.

갑자기 왜 그래?

어서 바닥에 누히렴. 폐소공포증 증상인 것 같다.

모, 모르겠어. 갑자기 숨이 막히고 어지러워!

이제 좀 괜찮아졌니?

네, 밖으로 나오니 괜찮은 것 같아요.

고맙습니다.

근데 왜 갑자기 정전이 된 거야!

이제라도 사람들이 전기의 소중함을 알아야 할 텐데. 만약 전기를 절약하지 않고 막 쓴다면 이런 정전 사태가 계속될 거야!

그러게요. 항상 에너지 절약을 습관화해야죠.

입에 침이나 바르고 거짓말해라!

앞으로 절약한다는 말이야….

우리가 실천할 수 있는 에너지 절약 방법이다.

우리가 할 수 있는 에너지 절약 방법

- 냉장고는 필요할 때만 열고 안이 꽉 차지 않게 정리한다.
- 새로 사는 조명은 발광다이오드(LED) 절전형 조명으로 구매한다.
- 세탁기의 건조 기능 사용은 삼간다.
- 불필요한 전등은 끄고, 안 쓰는 가전제품은 항상 전기 플러그를 뽑아 놓는다.
- 여름철 에어컨과 선풍기를 함께 틀고, 건강 온도인 26 ℃ 이상을 유지한다.
- 겨울에는 전기 히터, 전기 온풍기, 전기 장판 등 전열기의 사용을 자제한다.
- 겨울철 실내 온도는 건강 온도인 20 ℃를 유지하고 내복을 입는다.
- 건물 3층 이하의 저층은 계단을 이용하고 4층 이상은 엘리베이터를 격층으로 운행한다.
- 전력피크 시간대인 10~12시, 17~19시에는 전기 사용을 최대한 자제한다.
- 점심시간과 야간에는 조명을 일괄 소등하고 필요한 부분만 점등한다.

큰일이다.
아까보다 몸이 더
뜨거워지고 있어.

서둘러야겠다.

정전 때문에 오늘
장사 피해가 크네.

말도 마. 난 음식이 다
상해서 모두 버려야 돼.

여기요.
아이가 열이 많이 나요.
빨리 좀 봐 주세요!

어서 이쪽에 눕히세요.

제발 아무 일 없기를….

정전된 지 한 시간 후
전기는 복구됐다.

선생님!

저희 딸은 좀
어떤가요?

지금 검사
중인가 봐요.

아이 보호자
되십니까?

스윽

네, 제가 아이 아빠입니다.
우리 딸은 괜찮은 건가요?

수족구병으로 탈수와
고열이 심했는데 조치를
했고, 지금 안정을 취하고
있으니 너무 걱정하지
않으셔도 될 것 같아요.

네, 정말 감사합니다.

꾸벅

선생님 덕분에 아이가
무사한 것 같아요.
정말 감사합니다.

별 말씀을요.

띠리리-

여보세요.

삼촌, 이따
몇 시쯤 오실
거예요?

아참! 오늘 저녁 식사 모임이 있는 걸 깜빡하고 있었네. 지금 출발하면 40분 후에 도착할 것 같다.

네, 알겠어요.

혹시 오늘 정전 때문에 무슨 일 없었니?

없기는요. 엘리베이터에 갇혀서 혼났어요.

어디 다친 데는 없고?

누나가 폐소공포증이 와서 잘못될까 봐 너무 무서웠는데, 119 구조대가 와서 꺼내 주고 누나도 괜찮아졌어요.

괜찮다니 다행이구나!

아빠는 집에 오셨니?

아, 그게 아빠가 회사에서….

정전 때문에 일이 많이 밀려서 야근한다고 전해라~!

무더위로 인한 전기 단전

2011년 가을, 한전은 하절기 전력 수급기간(6월 27일~9월 9일)이 지나고 겨울을 대비하기 위해 발전기를 정비하고 있었다.

하지만 2011년 9월 15일 이상기후로 인한 무더위로 전국적으로 전력 수요가 급증했다.

전력거래소는 이날 6,400만 kW의 전력피크를 예상했지만 6,726만 kW의 전력 수요가 발생해 안정 유지 수준인 400만 kW 이하로 예비전력이 떨어지게 됐다.

한전과 전력거래소는 오후 3시를 기해 전력예비력이 400만 kW 이하로 떨어지자 95만 kW의 자율 절전과 89만 kW의 직접 부하 제어를 시행했다. 하지만 계속되는 전력 수요로 400만 kW가 회복되지 못해 지역별로 순환 단전에 들어갈 수밖에 없었다.

갑작스러운 사태로 예고도 없이 지역별로 순환 정전에 들어가자 기업 및 은행·병원들의 업무는 마비됐다.

그 뿐만 아니다. 음식점 및 편의점 등의 음식물 부패로 인한 영업 지장, 신호 고장으로 인한 교통 혼잡 등 사회적 혼란이 발생했다. 특히 중소기업에 주된 피해가 발생했고, 비상 구조 1,907건, 승강기 갇힘 사고 등으로 2,905명, 군사시설 124개소가 정전으로 심각한 피해를 입었다. 한전은 당일 오후 8시경 전력 공급을 정상화시켰다.

이 대규모 정전 사태를 계기로 정전 대비 위기 대응 훈련 등이 실시됐다. 정전은 사회적 혼란은 물론 국가 안보에까지 큰 영향을 미치므로, 무엇보다 그 피해가 큰 재난이다. 난방 온도를 1 ℃만 낮춰도 대형 원자력발전소 1기가 생산하는 100만 kW의 전기가 절약된다고 한다. 우리 모두 효율적으로 전기를 사용해 다시는 이런 정전 사태를 일으키지 말아야 한다.

/ 재난뉴스 기자

재난대처방법 에너지

정전 사태 전

- □ 전력 수요가 급격히 증가하는 시간(14~17시)에는 에어컨보다 선풍기를 사용한다.
- □ 무분별한 전기 기기의 사용은 과부하로 인한 정전 발생의 원인이 되므로 별도의 전용회로 및 콘센트를 사용한다.
- □ 사용하지 않는 전기 기기는 플러그를 뽑아 두고 전등은 소등한다.
- □ 손전등, 비상 식음료, 휴대용 라디오 등을 준비한다.
- □ 직장 내 중요 작업 담당 컴퓨터 등 정밀 기기는 무정전 전원공급장치(UPS)를 설치해 피해를 예방한다.
- □ 경보기 등 정전을 감지할 수 있는 시설을 설치한다.

정전 사태 시 일반 가정에서

- □ 모든 전기 기기의 플러그를 뽑고 스위치를 끈다.
- □ 옥내 배전반 누전 차단기 또는 안전기(두꺼비집)의 이상 유무를 확인한다.
- □ 옥내 전기설비 이상 시 전문 전기공사 업체에 수리를 의뢰한다.
- □ 옥내 전기설비 이상이 없을 땐 한전에 연락한다.
  (한국전력 : 국번 없이 123)
- □ 아파트의 경우 단지 내 전기 선로, 설비의 고장일 수 있으므로 관리사무소에 연락한다.

대규모 정전 발생 시

- □ 양초나 손전등을 켜고 휴대용 라디오 등으로 재난 상황 방송을 경청한다.
- □ 한전 전기 선로의 결함일 경우 신속히 복구되나 재해 유형에 따라 장기간 복구 작업이 진행될 수 있으므로 침착하게 기다린다.

엘리베이터 안에서

- ☐ 실내조명이 꺼져도 당황하지 말고 비상벨로 구조를 요청한다.
- ☐ 119에 신고할 때 엘리베이터 내에 고유 번호를 불러 주면 구조에 큰 도움이 된다.
- ☐ 화물용 엘리베이터는 승객용과 달리 안전 장치가 없으므로 일반 승객은 탑승하지 않는다.
- ☐ 엘리베이터 출입문에 기대지 말고 강제로 문을 열면 추락할 위험이 크므로 외부의 구조를 기다린다.
- ☐ 엘리베이터 안에서는 폐소공포증이나 불안 증세가 생길 수 있는 만큼 안정된 자세와 심호흡으로 침착하게 구조를 기다린다.

급식시설 내

- ☐ 발전기 임대 등 비상 전력 가동 방안을 마련한다.
- ☐ 장시간 정전이 지속될 경우 음식 저장 공간을 마련하고 식품 재료의 사용을 제한한다.
- ☐ 추가적으로 정전 복구가 지연될 경우 급식 대처 방안을 마련한다. (도시락 및 인근 식당 이용)

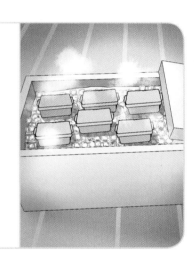

외부에서 정전을 겪을 경우

- ☐ 실내 공연장 및 행사장에서 정전이 되면 당황하지 말고 비상조명이 점등될 때까지 제자리에서 기다리며 시설 관리자 또는 행사 주최자의 안내를 따른다.
- ☐ 장시간 정전이 예상되면 안내에 따라 비상구에서 가장 가까운 시민부터 천천히 대피한다.

정전 시 필수품

☐ 건전지로 작동하는 라디오 및 손전등
☐ 전등이 다시 켜지는 것을 인지할 수 있는 점멸기 또는 발성기 등

정전 시 금지 행동

☐ 자연재해로 인한 정전 시 빈번한 문의 전화는 복구를 지연시킬 우려가 있다.
☐ 전문 지식이 없는 시민이 무리한 복구 작업을 할 경우 감전 사고가 날 우려가 있다.

정전 복구 후 가정, 직장 내

☐ 전력 복구 후 전력 사용 시 가전제품의 플러그를 하나하나씩 꽂아 과전류를 방지한다.
☐ 저장 식품의 상태를 파악해 고기 등이 변색되거나 악취가 날 경우 바로 버린다.
☐ 전력 공급에 이상이 있을 경우 전기 사용을 금지하고 한전에 연락한다. (한국전력 : 국번 없이 123)

평상시 점검 사항

☐ 한 달에 한 번씩 누전 차단기가 정상 작동하는지 확인한다.
☐ 젖은 손으로 전기기구를 만지지 않는다.
☐ 한 개의 콘센트에 문어발식으로 여러 개의 전기기구를 사용하지 않는다.
☐ 손상된 코드선 및 피복이 벗겨진 전선을 사용하지 않는다.
☐ 외출을 할 경우 콘센트에서 전기기구의 코드를 뽑는다.

재난지식 노트

전력수급비상 사태 시 단계별 행동 요령을 기억해요!

우리나라 전기의 역사

[출처 : 한국전기연구원]

1887년	• 최초의 전기 점등 : 경복궁 건청궁에서 우리나라 최초의 전등불을 사용했다.
1898년	• 한성전기회사 설립 : 10월 17일부터 서대문~흥릉간 6마일의 단선궤도 부설과 가선 공사를 2개월 만에 완공했고, 동대문에 75 ㎾ 직류발전기를 설치했다.
1944년	• 일제시대 대규모 수력발전 : 수력 자원에 적합한 압록강, 두만강, 장진강 등에 수력발전소를 건설했다. 동양 최대의 수풍 수력발전소(60만 ㎾)를 완공했지만, 중일전쟁과 태평양전쟁이 터지자 모두 전쟁 목적으로 가동됐다.
1948년	• 5.14 단전 : 북한의 일방적 단전으로 심각한 전력난을 겪었다. 그 전까지 남한 전력의 70 %를 북한에서 공급받았다.
1961년	• 3사 통합 한전 창립 : 전기 3사를 1961년 7월 1일자로 통합시켜 한국전력을 발족시켰다.
1965년	• 농어촌 전화 사업 추진 : 1965년 말 '농어촌전화촉진법'이 제정돼 전화 사업 시작 당시 12 %에 불과하던 전화율이 98 %까지 증가했고 농어촌, 산골, 섬에 사는 주민에게도 전력을 공급했다.
1978년	• 고리1호기 준공으로 원자력 시대 개막 : 1978년 4월 고리1호기 58만 7,000 ㎾를 준공해 '제 3의 불'인 원자력 시대를 열었다.
1995년	• 해외 전력 사업 본격 진출 : 1995년 필리핀 말라야 화력발전소 운영과 1996년 일리한 발전소 건설 등 해외 사업에 진출했다.
2005년	• 220V 승압 완료 : 32년간에 걸쳐 가정 전압을 100V에서 220V로 승압했다.
2009년	• 한국형 원전(APR1400) 아랍에미리트(UAE)에 수출 : 세계적인 원전 강국인 프랑스, 미국 등과 같이 경쟁해 신형 가압 경수로인 한국형 원전을 아랍에미리트에 수출했다.

정전이란?

폭풍, 홍수, 산사태, 지진 등과 그 외에 예상치 못한 사고로 통상적인 전기 공급이 잠시 중단되는 경우를 말한다. 대규모 정전이 발생할 경우 장기간 지속될 수 있으므로 정전에 미리 대비하기 위해 평상시 손전등과 그 외의 응급품을 준비해야 한다.

정전의 발생 원인

❶ 이상고온 등에 따른 갑작스러운 냉·난방 전력 수요 증가.

❷ 풍수해, 낙뢰 등의 자연재난에 의한 전력 설비의 결함.

정전 발생의 원인이 먼지 아시겠죠?

정전의 영향

❶ 가정과 같은 주택단지 내
 – 전력 차단으로 냉장 및 냉동 저장 음식물의 변질 초래.
 – 엘리베이터 가동 중단으로 인한 사고로 인명 피해 유발.

❷ 도로
 – 신호등 정지에 의한 교통체계 마비로 교통사고 위험 증가.
 – 지하철과 통근열차 운행 중단.

❸ 산업단지 내
 – 공장 설비 작동 마비로 생산 작업 중단, 기계적 결함 등의 피해 발생.
 – 은행 영업과 같은 전산 시스템 중단과 같이 주요 국가기반 시설 기능 마비.

❹ 연간 호당 정전이 발생한 시간은 1992년 234분에서 2011년 12.4분으로 지속적으로 감소하고 있으나, 여전히 우리 주변에서 정전이 발생함.

❺ 정전은 생활 전반에 악영향을 미칠 수 있지만, 천재지변·전기 수급 조절·설비의 고장·수리 등으로 인한 정전 피해는 '전기공급약관'에 따라 배상하지 않음.

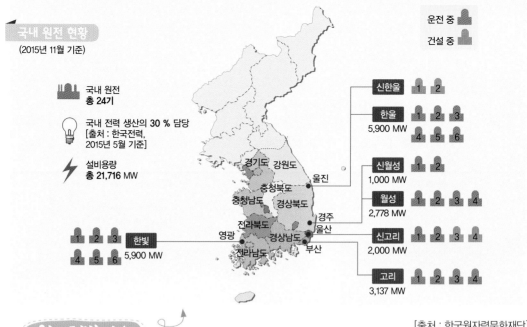

원자력발전소

❶ 우라늄 원자를 분열시켜 에너지를 전기로 생산하는 방식으로, 화력과 수력 등 다른 발전소보다 더 많은 전력을 생산할 수 있고 이산화탄소를 거의 배출하지 않는다.

❷ 우라늄 핵을 터뜨려 생긴 물의 수증기로 터빈의 바람개비를 돌려 전기를 생산한다.

❸ 우리나라는 2015년 기준으로 고리, 월성, 영광, 울진 원자력발전소에서 총 24기의 원자로를 가동하고 있다. 여기서 생산한 전기는 한국 내 전체 전기 생산의 30 %를 차지하며, 발전량 기준으로는 세계 6위다.

화력발전소

❶ 석유나 석탄, 가스 등을 연소시켜 물을 끓이고 여기에서 생긴 고온 고압의 수증기를 이용해 터빈을 돌려 전기를 생산하는 방식이다.

❷ 장점 : 소비자 가까운 곳에 건설할 수 있어 전력 손실이 적고 공사 기간이 짧으며 건설비가 저렴하다. 또 설치 장소의 제약이 없으며 전기를 안정적으로 생산할 수 있다.

❸ 단점 : 연료를 계속 공급, 저장해 줘야 해 운영비가 비싸고 대기 및 수질 등에 환경오염을 일으킨다.

수력발전소

❶ 물의 낙차와 양을 이용하는 댐식, 수로 변경식, 양수식, 낙차식이 있다. 물을 떨어트리는 높이가 크고 양이 많을수록 위치에너지는 커지는데 이렇게 발생한 위치에너지는 운동에너지로 전환되고 이는 다시 발전기에 연결된 터빈을 회전시켜 전기에너지를 만든다.

❷ 장점 : 한번 건설해 놓으면 연료 걱정 없이 전기를 계속 일으킬 수 있고 발전 비용이 적게 들며 공해가 없다.

❸ 단점 : 건설비가 많이 들고 건설 기간도 길다. 송전에 의한 전력 손실이 크고 생태계도 파괴시킨다.

국내 에너지원별 전력 생산 통계

2014년 기준으로 국내 전기 생산은 원자력, 석탄, LNG, 유류, 수력 순으로 생산 중이며 그 중 화력발전소 생산량을 합하면 59.9 %에 이르고 그 다음으로 원자력이 36.6 %에 이른다.

[출처 : 통계청 '2014년 전력통계']

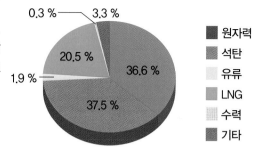

0.3 % 3.3 %

20.5 %

1.9 %

36.6 %

37.5 %

■ 원자력
■ 석탄
□ 유류
■ LNG
▦ 수력
■ 기타

전력수급비상 단계별 행동 요령 ☆ 꼭 기억하자!

주의

예비 전력
400~500만
kW

- 에어컨, 선풍기 등 전기 냉방기기 가동 자제.
- 냉방기 사용 시 실내 온도 26 ℃ 이상 유지.
- 사용하지 않는 전기 장치의 전원 플러그 뽑기.
- 오전 10~12시, 오후 2~5시 전기 사용 자제.

관심

예비 전력
300~400만
kW

- 가정, 사무실, 산업체에 불요불급한 전기 사용 자제.
- 과도한 냉방기 사용 자제, 실내 온도 28 ℃ 이상.
- 오전 10~12시, 오후 2~5시 전기 사용 자제.

주의

예비 전력
200~300만
kW

- 전기 사용량 급증으로 전력 부족 우려됨.
- 가정, 사무실, 산업체에 급하지 않은 전기 사용 자제.
- 특히 과도한 냉방기 사용 억제.

경계

예비 전력
100~200만
kW

- 전력 부족으로 전기 공급이 중단될 우려 있음.
- 가정에서는 에어컨, 선풍기 등 냉방기기 및 가전기기 가동 중단, 각 방의 조명 소등.
- 사무실, 상점에서는 냉방 설비의 가동 중단, 사무기기와 조명기기, 가전제품의 전원을 끔.

심각

예비 전력
100만
kW 미만

- 대규모 정전 우려로 순환단전을 시행해야 할 상황.
- 엘리베이터 이용 자제, 조명, 냉방기, 컴퓨터 등 급하지 않은 전기 사용 자제.
- 정전 시 안전을 위해 사용할 1개 조명등을 제외한 모든 전기 기기의 플러그를 뽑아야 함.

[출처 : 전력거래소]

방사선

와~ 끝났다!

빨리 집에 가자!

많이 아프겠다.
그러니까 자전거를 탈 때는
안전 장비를 확실하게
착용하고 탔어야지.

귀찮아서 안 했더니
이렇게 돼버렸네.

병원에서는
뭐라고 그래?

X-레이 찍어보니
뼈가 골절돼서 한동안
깁스를 해야 한대.

X-레이 촬영을 하면
몸에 안 좋다고 하던데.

당연하지. 방사선을
이용하잖아.

깜 짝

뭐라고?

원자력발전소에서
나오는 방사능 말이야?

휘-릭

방사능과 방사선의 차이

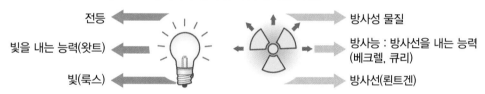

- **방사능** : 라듐, 우라늄 등의 원소가 원자핵을 스스로 붕괴시키면서 방사선을 방출하는 능력.
- **방사선** : 방사능 물질에서 방출하는 입자나 전자기파로 α(알파)선, β(베타)선, γ(감마)선 등이 있음.
- **방사성 물질** : 방사선을 방출하는 능력을 가진 방사능 물질.

전등 ← 방사성 물질

빛을 내는 능력(왓트) ← 방사능 : 방사선을 내는 능력 (베크렐, 큐리)

빛(룩스) ← 방사선(뢴트겐)

방사선의 투과력

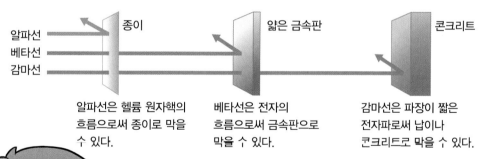

알파선 / 베타선 / 감마선 → 종이 / 얇은 금속판 / 콘크리트

알파선은 헬륨 원자핵의 흐름으로써 종이로 막을 수 있다.

베타선은 전자의 흐름으로써 금속판으로 막을 수 있다.

감마선은 파장이 짧은 전자파로써 납이나 콘크리트로 막을 수 있다.

그럼 지금 우리 학교 앞에 방사성 물질이 깔려 있다는 거네.

맞아! 이건 정말 심각할 정도야!

그러고 보니 예전에 살던 동네에서도 아스팔트에 방사능 수치가 높아서 걷어 낸 기억이 있어.

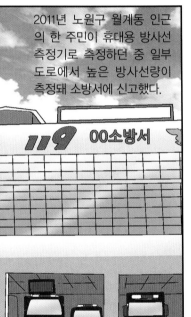

2011년 노원구 월계동 인근의 한 주민이 휴대용 방사선 측정기로 측정하던 중 일부 도로에서 높은 방사선량이 측정돼 소방서에 신고했다.

신고를 받고 소방서 화생방팀과 한국원자력안전기술원 직원들이 현장에 도착했다. 기술원은 해당 도로에서 서울시의 대기 중 방사선 평균보다 10배 이상의 방사선이 검출됐지만, 인체에는 해가 없다고 밝혔다.

하지만 환경운동연합은 강제 이주 조치를 해야 한다고 주장했다. 서울시는 해당 지역을 새 아스팔트로 포장했으며 재발을 방지해야 한다고 발표했다.

그런 일들도 있었구나!

좋아, 그럼 우리가 직접 거리를 돌아다니면서 방사선을 측정해 보는 게 어때?

그거 좋은 생각이다.

두리번 두리번

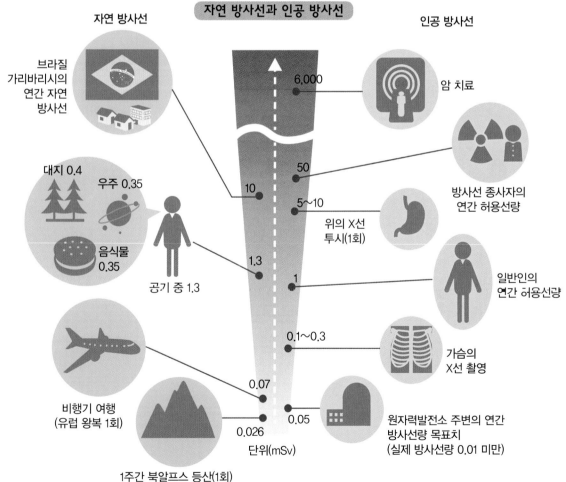

자연 방사선과 인공 방사선

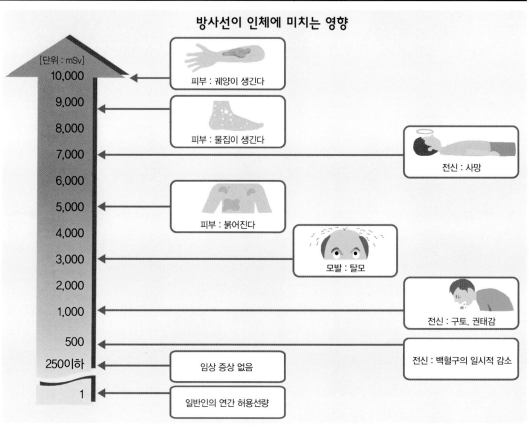

방사선이 인체에 미치는 영향

[단위 : mSv]

10,000 — 피부 : 궤양이 생긴다

9,000
8,000 — 피부 : 물집이 생긴다

7,000 — 전신 : 사망

6,000
5,000 — 피부 : 붉어진다

4,000
3,000 — 모발 : 탈모

2,000
1,000 — 전신 : 구토, 권태감

500 — 전신 : 백혈구의 일시적 감소

250이하 — 임상 증상 없음

1 — 일반인의 연간 허용선량

방사선이 이렇게 무서운데 원자력발전소는 계속 늘어나고 있잖아.

난 원자력발전소가 없어졌으면 좋겠어.

원자력발전소보다 수력, 화력과 같은 발전소가 안전하긴 하지만 에너지 자원이 점점 고갈되고 있는 데다 환경 파괴 문제도 심각하다는 단점이 있어.

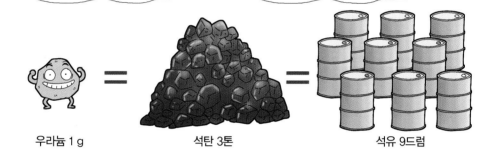

반면 원자력발전소는 사고로 방사능 누출만 되지 않으면 환경적으로 깨끗하고 많은 양의 에너지를 얻을 수 있지. 특히 에너지ㆍ자원 소비량의 약 96 %를 수입에 의존하는 에너지 빈곤국인 우리나라에서는 원자력 발전이 필요해.

우라늄 1 g   석탄 3톤   석유 9드럼

무엇보다 방사선이 위험한 것이라고 해서 무조건 두려워하는 것은 잘못된 생각이야.

방사성 동위원소가 우리 생활에 많이 활용되고 있거든.

나처럼 다쳤을 때 찍는 X-레이 촬영 때만 쓰이는 게 아니었어?

의료뿐만 아니라 범죄 수사, 식품 등 다양한 분야에서 사용하고 있지.

방사선이 우리 생활에 그렇게 많이 쓰이는 줄은 몰랐네.

방사성 동위원소의 이용

여길 봐!

농업
- 품종 개량
- 기능성 식품 개발
- 식품 조사
- 지질, 지하수 조사

연구
- 나노 신소재
- 고고학 연구
- 물성 변화 연구
- 동식물 생리 연구

의료
- 암 치료
- 핵의학 영상
- 의료용 기구 소독
- 인공 장기

우아, 정말 여러 분야에서 이용하는구나!

조사 및 분석
- 범죄 수사
- 정밀 분석
- 미술품 검사
- 유해 물질 분배

공업
- 반도체 가공
- 제품 품질 검사
- 비파괴 검사
- 화학 물질 검출

첨단 개발
- 우주 항공
- 해양 개발
- RI전지

안 쓰이는 데가 없네.

그런데 미술품에서는 방사선이 어떻게 쓰이는 거지?

미술품이나 유물의 연대를 측정하는 데 쓰여. '방사성 탄소연대 측정법'이라는 기술을 활용하면 탄소 비율을 파악해 연도를 알아낼 수 있지.

그리고 훼손이 심한 미술품은 비파괴 검사를 통해 밑그림과 붓의 방향, 두께 등을 파악할 수 있어!

넌 모르는 게 없구나!

그럼 원자력발전소에서 나오는 쓰레기들은 어떻게 처리하는 거야?

그냥 쓰레기랑 같이 버려도 되나?

당연히 안 되지!

이 폐기물들은 일반적인 폐기물과 달라서 까다롭고 안전하게 처리하고 있어.

방사성 폐기물은 원자력발전소뿐 아니라 병원, 연구 기관, 산업체 등 방사선을 이용하는 모든 기관에서 발생해.

방사성 폐기물

그럼 발전소에서 작업할 때 입던 옷이나 장갑, 마스크, 공구들도 다 폐기처분시켜야겠네.

물론이야. 방사선에 오염됐다면 방사성 폐기물로 분류해야 해!

만약에 물 같은 액체가 방사선에 오염되면 어떻게 해?

바다에 버릴 수도 없잖아!

맞아! 그건 지구 환경을 파괴하는 거잖아!

두둥

글쎄, 거기까지는 생각을 안 해봤는데….

그건 내가 설명해 줄게!

응?

방사선 ★ 93

방사성 폐기물 처분 방법

- 기체 폐기물 : 밀폐 탱크에 저장한 뒤 기준치 이하로 방사능
  이 낮아지면 필터를 거쳐 배기구로 방출한다.
- 액체 폐기물 : 증발 장치를 사용해 물은 재사용하고, 찌꺼기
  는 고화체로 만들어 철제 드럼에 넣어 밀봉한다.
- 고체 폐기물 : 시멘트로 굳힌 핵폐기물을 철제 드럼에 넣어
  밀봉하고 이를 암반 동굴 속에 격리시킨다.

아! 이렇게 방사성 폐기물을 처리하는군요.

꼬덕 꼬덕

그런데 너희들 여기서 뭐하고 있는 거야?

쓰 윽

지금 방사선 측정기로 방사선을 측정하고 있어요.

너희들도 방사선에 관심이 많은 모양이구나!

하긴, 몇 년 전 일본에서 지진해일로 인한 후쿠시마 원전 사고가 났었지!

맞아요! 저도 TV에서 보고 너무 무서웠어요.

원자력발전소가 폭발하고 해일이 밀려와 집들을 삼키는데….

정말 눈물이 났어요.

저도 많이 울었어요.

저도요!

나도 가슴이 매우 아팠단다.

사랑하는 가족과 친구를 잃은 슬픔은 무엇과도 비교할 수 없지.

맞아요. 그런데 위험한 순간에도 몸을 던져 마을 사람들을 구하는 사람들을 보고 큰 감명을 받았어요.

그리고 보니 마을 사람들을 위해 대피 방송을 하던 여자분 이야기가 생각나네!

2011년 3월 11일.
미야기현 미나미산리쿠 마을

대지진이 일본 동북부 해안을 강타했다.

미나미산리쿠 마을에서 한 여성의 목소리가 확성기를 통해 다급하게 들려왔다.

6 m나 되는 높은 파도가 밀려오고 있어요. 빨리 대피하세요!

동사무소 위기관리과 직원
엔도 미키(당시 26세)

방송을 들은 마을 사람들은 고지대로 대피했고 많은 피해를 줄일 수 있었다.

쓰나미가 마을을 휩쓸 때까지도 엔도 미키는 마이크를 놓지 않고 방송을 계속했다.

쓰나미가 지나가고 사람들을 위해 대피 방송을 했던 방재대책청사는 앙상한 뼈대만 남았다.

안타깝게도 마을사람들의 생명을 구한 엔도 미키는 생존자 명단에 없었다.

마을 사람들을 구하기 위해 자신을 희생했군요.

흑 흑 주르륵

선생님, 아빠가 그러는데 저희가 태어나기 전에도 우크라이나에서 큰 원자력발전소가 폭발했다면서요?

그랬지. 1986년에 사건이 일어난 걸로 기억하고 있어.

그럼 엄청 오래됐네요.

그렇게 오래 됐으니 지금은 다시 사람들이 살고 있겠죠?

아니, 방사능으로 인해 체르노빌 원전 사고 지역은 아직도 사람이 살 수 없는 출입 금지구역으로 지정돼 있어.

그게 정말이에요, 선생님?

그렇단다!

깜 - 짝

체르노빌 원전 사고로 9,300여 명이 사망했고, 33만 명이 이주했어. 그뿐 아니라 유럽의 7만 7,220 ㎢ 지역이 히로시마 원폭의 400배에 달하는 낙진으로 방사능에 오염돼서 약 800만 명이 직·간접적으로 방사능에 피폭됐지.

선생님! 우리나라도 해일로 인해서 원자력발전소에 큰 사고가 나면 어떡해요?

후쿠시마 사고 이후 우리나라는 사고에 대비해 연구 개발에 집중했고, 차세대 신형 원전에 반영해 안전성을 높였단다.

후쿠시마 원전 사고 때는 질병이나 건강 악화로 숨진 사람이 1,368명으로 집계됐어.

또 전원을 상실한 경우에 대비해 추가적인 설치를 해 별도 전원이 없어도 원자로를 안전하게 보호하도록 했지.

안 전

선생님 말씀을 들으니 조금 안심이 되네요.

원자력 에너지는 안전성이 중요하단다. 그러니 늘 안전성을 개선하려는 노력이 필요하지.

선생님, 신문에서 보니 독일은 2022년까지 원전을 완전 폐기하는 정책을 세우겠다고 하던데 우리나라도 그랬으면 좋겠어요.

맞아. 프랑스도 2025년까지 원전을 반으로 줄이겠다고 했어.

우리나라도 신재생 에너지에 많은 투자를 하고 시설을 늘려서 원전을 점차 줄여야겠지.

네!

체르노빌 원전 사고

1986년 구소련, 현재 우크라이나에 있는 체르노빌 원자력발전소에서 제4호 원자로가 폭발했다.

터빈 발전기 실험을 하기 위해 출력을 $\frac{1}{3}$ 정도로 낮출 계획이었으나 그 이하로 낮아지자 출력을 높이기 위해 무리하게 제어봉을 가동시켰기 때문이다.

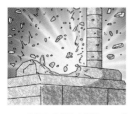

이로 인해 반응도 계

수 영역까지 출력이 올라가게 됐고 대처할 틈도 없이 원자로가 폭발했다.

원자로의 폭발로 인해 원자로와 지붕, 측면에 거대한 구멍이 생겼고 원자로 뚜껑이 모두 날아갔다. 이 사고로 2차 세계대전 당시 미국이 히로시마에 투하한 원자폭탄의 약 400배에 달하는

방사능이 누출됐고 방사능 구름은 유럽 전역을 오염시켰다.

체르노빌 원전 사고로 무려 9,300여 명이 사망했다.

당국은 체르노빌 사고 원자로 위에 석회, 점토, 납 등을 5,000 t 가량 투하했으며 각종 센서(온도, 압력 등)를 갖춘 콘크

리트로 매장해 방사능 오염을 봉쇄했다.

체르노빌을 포함한 주변 지역은 방사능 오염으로 인해 현재까지도 격리되거나 방치된 채로 남아 있는 곳이 많다.

/ 재난뉴스 기자

후쿠시마 원전 사고

· **2011년 3월 11일**

오후 2시 46분 동일본 대지진 발생 이후 원자로 1~3호기가 정지했다.

오후 6시 1호기 연료봉이 노출됐고, 일본 정부는 원자력 긴급 사태를 선언했다.

오후 8시 50분 원전 2 ㎞ 권역 주민에게 피난 지시가 내려졌다.

· **2011년 3월 12일**

오전 5시 44분 간 나오토 총리가 원전 10 ㎞ 권역 주민들에게 피난을 지시했다.

오전 6시 1호기 압력 용기가 파손됐다.

오후 3시 36분경 1호기 원자로 건물에서 수소가 폭발했다.

오후 6시 25분 간 나오토 총리는 원전 20 ㎞ 권역 주민들에게 피난을 지시했다.

· **2011년 3월 14일**

오전 9시경 3호기 압력 용기가 파손됐고, 3호기 원자로 건물에서 수소 폭발이 일어났다.

오후 6시 22분 2호기 연료봉도 노출돼 버렸다.

· **2011년 3월 15일**

오전 6시 4호기 원자

로 건물에서 폭발이 일어났고, 일본 정부는 원전 20~30 ㎞ 권역 주민들에게 실내 대피 지시를 내렸다.

· **2011년 4월 12일**

원자력 안전 보안원은 사고 등급을 최악인 7등급으로 격상해 발표했다.

〈도쿄 신문〉은 2016년 3월 6일 후쿠시마 원전 사고 때문에 대피했다가 질병이나 건강 악화로 숨진 사람이 1,368명으로 집계됐다고 보도했다.

/ 재난뉴스 기자

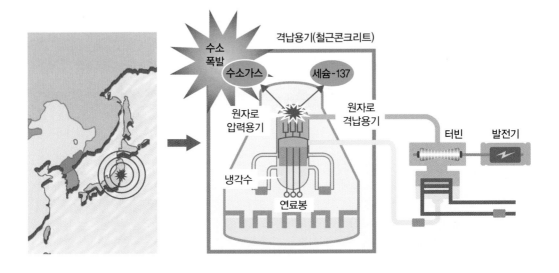

재난대처방법 방사능

방사능 물질(낙진) 경보 발령 시

☐ 방사능에 오염된 공기가 실내로 유입되지 않도록 창문과 문을 밀폐한다.

☐ 실내 공기가 습할 경우 방사성 물질 잔류 시간이 길어지므로 실내 공기를 건조하게 한다.

☐ 식수나 음료수를 보관할 때는 밀폐용기를 사용한다.

☐ TV, 라디오, 인터넷 등으로 정보를 듣고 유언비어가 유행할 수 있으니 책임 기관의 공식발표에 따라 행동한다.

☐ 경보가 해제될 때까지 실내에서 머물러야 하고 불가피하게 외출할 경우에는 비옷과 보안경, 모자를 반드시 착용한다.

☐ 포장이 뜯어져 있는 음식이나 음료수를 섭취하면 안 된다.

☐ 외출 후 몸을 깨끗이 씻어 오염 물질을 제거한다.

방사능 낙진 시

☐ 신속히 현장에서 대피한다.

☐ 가급적 외출을 삼가고 건물 내에서 생활하며 외부 공기 유입을 최소화한다.

☐ 우물이나 장독 등은 뚜껑을 덮어 둔다.

☐ 부득이하게 외출할 경우 우산, 비옷 등을 휴대해 비를 맞지 않도록 하고 마스크를 착용한다.

☐ 밖에서 음식을 먹지 말고, 채소, 과일 등은 잘 씻어서 먹는다.

방사능 오염을 최소화하기 위한 요령

☐ 방사능 물질이 있는 곳에서 최대한 멀리 대피한다.

☐ 주위의 건물로 대피한다. 지하나 콘크리트 같이 두껍고 밀도가 높은 벽이 있으면 방사선 투과율이 낮아져 피해를 줄일 수 있다.

☐ 방사선은 짧은 시간에 위력이 약해지므로 방사능에 노출되는 시간을 최소화한다.

방사능 물질 누출 시 집에서

- ☐ 가족과 애완견이 집에 있는 상태에서 모든 창문과 출입문을 잠그고 테이프 등으로 밀폐시킨다.
- ☐ 집 안에서 바깥쪽보다 최대한 안쪽에 있는 방으로 대피하고 지하실이 있으면 지하실로 대피한다.
- ☐ 환풍구나 에어컨, 공기정화 장치는 전원을 끄고 오염 물질이 틈새로 유입될 수 있으니 테이프로 막는다.
- ☐ TV 등으로 정보를 듣고 정부에서 안전하다고 할 때까지 집에 머무른다.

방사능 물질 누출 시 직장에서

- ☐ 출입문과 건물의 모든 창문을 닫고 잠근다.
- ☐ 창문 틈과 출입문 틈새를 테이프와 물수건, 헝겊 등으로 밀폐시킨다.
- ☐ 사무실에서 사용하는 에어컨과 환풍기, 공기정화 장치의 전원을 끄고 오염 물질이 틈새로 유입될 수 있으니 테이프로 막는다.
- ☐ 건물의 바깥쪽보다 최대한 안쪽에 있는 방으로 대피하고 방사선과 방사능 유입을 최소화한다.

방사능 물질 누출 시 외출 중일 때

- ☐ 손수건과 옷 등으로 입과 코를 막고 주위에 대피할 만한 곳을 찾는다.
- ☐ 콘크리트 건물이나 지하도 안으로 신속하게 대피한다.

방사능 물질 누출 시 대중교통 수단을 이용 중일 때

- ☐ 버스에서 내려 손수건과 옷 등으로 입과 코를 막고 가까운 콘크리트 건물이나 지하도로 대피한다.
- ☐ 지하철에서는 승무원의 안내에 따라 지하 시설 내부에서 침착하게 행동한다.
- ☐ 가족과 친척들에게 연락해 걱정하지 않도록 안심시킨다.

외부에서 활동 후 집에 돌아왔을 때

☐ 옷은 집 밖에서 털고 들어온 후 새 옷으로 갈아입고 신발도 바꿔 신는다.

☐ 갈아입은 옷과 신발은 비닐주머니 등에 넣고 밀봉한 후 집 밖으로 내놓는다.

☐ 외출 후 바로 샤워를 해 몸에 있는 오염 물질을 제거한다.

대피(소개) 명령 발령 시 ❶

☐ 전기나 가스밸브 등을 차단하고 실내 위험 요소를 제거한다.

☐ 평소에 복용하는 약은 챙겨두고 오랫동안 대피할 것에 대비해 여벌옷과 침구류를 준비한다.

☐ 대피소에는 반려동물 출입이 금지돼 있으니 반려동물을 위해 집 안에 충분한 먹이와 음료수를 준비한다.

☐ 소개 완료했다는 표시로 대문의 문고리에 수건을 걸어두거나 크게 메모를 해 둔다.

☐ 안내 방송과 대피 유도 요원에 따라 지정된 이동로를 이용해 지정된 장소로 대피한다.

대피(소개) 명령 발령 시 ❷

대피소

☐ 대피소에서는 인적사항을 등록하고 오염 검사를 한 뒤 운영 요원의 안내에 협조한다.

☐ 무단으로 집에 다녀오는 행위는 피하고 대피소를 벗어나지 않는다.

☐ 제공되는 음료수와 식료품, 외부에서 가져온 포장된 음식은 괜찮지만 그렇지 않은 음식은 섭취하지 않는다.

☐ 직장이나 학교에 있을 경우에는 자체 대피 안내에 따라 대피소로 대피한다.

☐ 가족과 친척이 병원 또는 요양소에 있다면 절대 외부로 데리고 나가지 않는다. 병원 또는 요양소에서 직접 안전한 외부 지역 병원으로 후송한다.

재난지식 노트

방사선에 노출되지
않도록 대처하는 방법을
기억해요!

일본과 우리나라 원전의 차이점

❶ 일본 원전은 원자로 안의 냉각수를 직접 끓여 발생한 수증기로 터빈을 운전하지만 우리나라의 원전은 그렇지 않기 때문에 외부로 방사성 물질이 누출될 가능성이 훨씬 적다.

❷ 우리나라의 원전은 지진해일로 인해 전기가 끊기더라도 증기 발생기를 이용한 원자로심의 냉각이 가능하다.

❸ 만약 원자로심이 녹아 수소가 발생하더라도 우리나라의 원전은 일본 원전과 달리 전기 없이 동작하는 '수소재결합기'가 있어 수소 폭발이 일어나지 않는다.

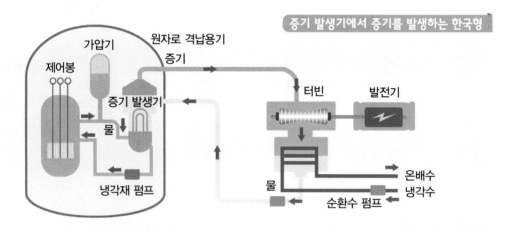

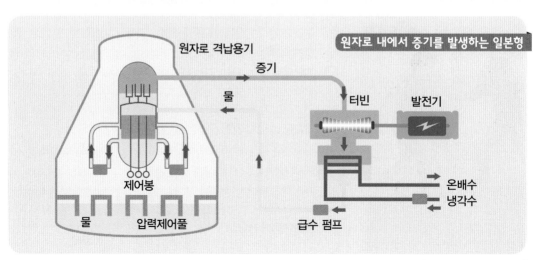

[출처 : 한국원자력의학원]

우리나라 원전의 격납 건물은 120 ㎝ 두께의 철근 콘크리트로 되어 있다. 우리 원전의 격납 건물 내부 부피는 일본 원전의 5배 이상으로 구성돼 있어 만일 격납 건물 내부에서 수소 폭발이 일어나더라도 격납 건물은 손상되지 않고 안전하다. 또 전기가 끊겨도 작동하는 수소 제거 설비가 설치돼 있어 일본 원전과 동일한 사고가 발생하지 않는다. 이러한 수소 제거 설비는 고리 1호기, 신고리 1·2호기에 이미 설치돼 있고, 앞으로 다른 원전에도 전기 없이 작동하는 수소 제거 설비를 설치할 계획이다.

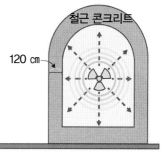

[출처 : 한국원자력의학원]

방사성 물질 누출 사고 시 재난 위험 경보

방사성 물질 누출 사고 시 방사선 비상이 발령되면 다음과 같은 경로로 신속히 상황이 전달되므로 방송 매체에 귀를 기울이면서 지시에 따라야 한다.

❶ 민방위 경보망을 통해서 ❷ 발전소 비상 방송망을 통해서 (반경 2 km 이내) ❸ 텔레비전, 라디오를 통해서 ❹ 차량 가두방송을 통해서 ❺ 전화를 통해서

방사선으로부터 자신을 보호하는 방법 ☆ 꼭 기억하자!

방사선으로부터 자신을 보호하기 위해서는 시간, 거리, 차폐가 중요하다. 방사선에 노출되는 시간을 가능한 짧게 하고, 방사선이 나오는 곳으로부터 가능한 멀리 떨어져야 하며, 방사선이 우리 몸속으로 들어오지 않도록 차폐를 해야 한다. 집 안으로 피하거나, 이주 등의 조치를 취하는 것은 이와 같은 이유 때문이다.

방사선 방호 3원칙

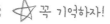

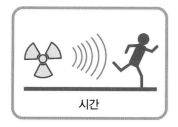

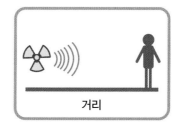

시간 거리 차폐

화생방 보호 장비가 없을 때 손쉽게 대체할 수 있는 물자 활용 방법

기본 장비	대체 장비 물자	활용 방법	
방독면	손수건	손수건을 물에 적셔 코와 입을 막아 호흡기 보호	
	비닐봉투	비닐봉투를 쓰고 허리를 묶어 외부 공기의 유입 차단 (비닐봉투 속의 남은 산소를 감안해 이동)	
	마스크 · 휴지	마스크를 착용하거나 휴지 등을 몇 겹 접고 물에 적셔 코와 입을 막고 응급조치	
보호의 · 보호두건	비닐우의 · 방수의류 등	우의를 머리까지 덮어 쓰고 허리띠로 허리를 꼭 묶어 외부 오염 공기의 유입 차단	
방독 장갑 · 장화	고무용품	고무장갑 · 장화를 착용해 피부 노출 방지	

기체 폐기물의 처리 방법

기체 폐기물을 활성탄 지연대에 통과시킨 후 여과 필터를 이용해 오염 물질을 제거하거나 저장 용기에 일정 기간 저장해 방사성 물질을 자연 붕괴시켜 대기로 방출시킨다.

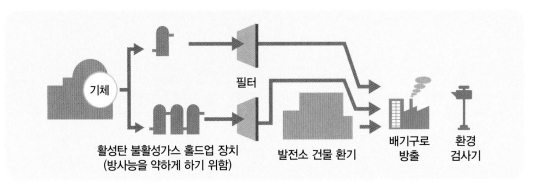

기체

필터

활성탄 불활성가스 홀드업 장치
(방사능을 약하게 하기 위함)

발전소 건물 환기

배기구로
방출

환경
검사기

액체 폐기물의 처리 방법

액체 폐기물은 일정 기간 탱크에 담아서 여과기를 거쳐 방사능 농도 이하가 되면 방류하거나 여과와 증발 등으로 부피를 줄인 후 시멘트와 섞어서 고체로 만들고 이를 철제 드럼통에 넣어 방사성 폐기물 처분장에 처분한다.

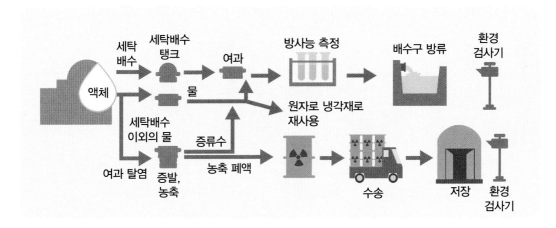

고체 폐기물의 처리 방법

고체 폐기물은 중·저준위와 고준위 방사성 폐기물로 나눠진다. 중·저준위 방사성 폐기물은 압축 과정을 거쳐 부피를 줄인 다음 시멘트나 아스팔트 등을 섞어 고체로 만들어 이를 드럼통에 넣고 방사성 폐기물 처분장에 처분한다. 사용 후 연료인 고준위 방사성 폐기물은 처분 방법이 정해질 때까지 발전소 내의 임시 저장고에 저장한다.

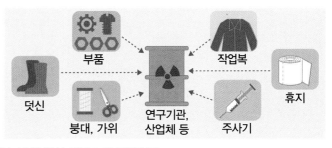

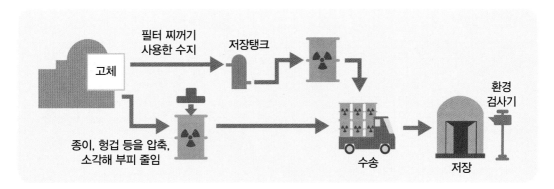

응?

드르르 슈

정우가 무슨 일이지? 태국으로 여행 갔을 텐데.

이정우

창수야, 나 정우다. 태국 여행 중에 소매치기를 당해서 경비를 몽땅 도둑 맞았어. 당장 돈이 필요한데 어디 요청할 곳이 없네. 미안한데 내 계좌로 돈 좀 송금해 줄 수 있을까?

아니, 뭐라고?

이게 웬 날벼락이야! 기분 좋게 여행 가서 소매치기라니….

정우 형님한테 무슨 일이 생긴 건가요?

이틀 전에 태국으로 여행을 갔는데 소매치기를 당해서 여행 경비 전부를 도둑맞았다고 하는구나.

급한 대로 지금 돈을 좀 보내 줘야겠어.

형님, 잠깐만요! 이거 뭔가 이상한 것 같아요.

휘릭

이상하다니? 그게 무슨 말이야?

요즘 전화뿐만 아니라 SNS를 통한 보이스피싱 사례가 많아지고 있거든요. 친구나 가족을 가장해서 이런 저런 핑계로 송금해 달라는 메시지를 보내는 거죠.

아들아, 병원비가 부족하니 300만 원 입금 부탁해!

맞아. 나도 뉴스에서 그런 사건을 몇 번 본 기억이 있어.

그런데 내 SNS 계정에 저장된 이름으로 온 메시지인데 설마 이것도 보이스피싱일까?

뭐라고? 그런 메시지 보낸 적 없다고?

스윽

짤

짝

SNS 계정을 도용하는 수법 등을 쓰기 때문에 아는 사람에게서 온 메시지라고 생각하기 쉬워요. 돈을 보내기 전 당사자와 직접 통화해서 확인하는 방법이 제일 확실합니다.

일단 정수 형님과 통화해 보는 게 좋을 것 같아요.

잠시 후

통화해 보셨어요?

저벅

저벅

정말 큰일 날 뻔했어.

정우랑 통화했는데, 여행 잘하고 있고 소매치기 당한 적도 없다고 하는구나.

휴~

정우 형님한테 피해가 없어서 다행이에요. 요즘 피싱, 파밍, 스미싱 등 다양한 방법으로 금융 정보나 금전을 빼내는 사건이 많아져서 걱정이군요.

삐이익

걸렸다!

삼촌! 그런데 피싱, 파밍? 그게 무슨 말이에요? 뭔가 안 좋은 거 같긴 한데…

금융기관이나 금융 거래자에게 피해를 주고 금융 질서를 문란하게 하는 행위를 '금융 사고'라고 하는데, 피싱, 파밍, 스미싱은 이런 금융 사고의 하나라고 보면 된단다.

낑

낑

낑

파밍

피싱

스미싱

자, 여기를 보렴!

[출처 : 사이버경찰청]

피싱(Phishing)

개인정보(Private data)와 낚시(Fishing)의 합성어.

① 금융기관을 가장한 이메일 발송 ⇨ ② 이메일에서 안내하는 인터넷주소 클릭 ⇨ ③ 가짜 은행사이트로 접속 유도 ⇨ ④ 보안카드번호 전부 입력 요구 ⇨ ⑤ 금융정보 탈취 ⇨ ⑥ 범행 계좌로 이체

파밍(Pharming)

악성코드에 감염된 사용자PC를 조작해 금융 정보를 빼냄.

① 사용자PC가 악성코드에 감염됨 ⇨ ② 정상 홈페이지에 접속해도 *피싱(가짜) 사이트로 유도 ⇨ ③ 금융 정보 탈취 ⇨ ④ 범행 계좌로 이체

*피싱 사이트 정상 홈페이지로 가장해 금융 정보(보안카드번호 전부) 입력을 요구하는 신종 금융 사기의 주요 범행 수단.

스미싱(Smishing)

문자메시지(SMS)와 피싱(Phishing)의 합성어.

① '무료 쿠폰 제공', '돌잔치 초대장', '모바일 청첩장' 등을 내용으로 하는 문자메시지 내 인터넷 주소 클릭 ⇨ ② 스마트폰에 악성코드 설치 ⇨ ③ 피해자가 모르는 사이에 소액 결제 피해 발생 또는 개인·금융 정보 탈취

검찰인데요….

내 친구 할머니도 보이스피싱을 당해서 현금을 입금했다고 하더라고요.

최근에는 보이스피싱 수법이 진화해서 노년층은 물론 젊은 층에게까지 많은 피해를 주고 있어.

나도 동생 아니었으면 꼼짝없이 당할 뻔했네!

삼촌, 좀 전에 금전을 빼낸다고 하셨잖아요. 금전은 뭐고 금융은 뭐예요?

말이 나온 김에 하나씩 차근차근 설명해 줄게.

금융이란 금전을 유통하는 일을 의미해.

그럼 금전은 뭘까?

금전은 쉽게 말해 화폐라고 보면 돼. 화폐는 상품 교환 가치의 척도가 되고 상품 교환을 매개하는 일반적인 수단이라고 할 수 있지.

우리가 보통 물건을 살 때 돈을 지불하는데, 그때 사용하는 돈이 바로 화폐인 거네요!

그렇지! 역시 우리 조카는 똑똑해.

자, 이제 금융 사고에 대해 알아볼까? 금융감독원에서는 금융 기관 또는 금융 거래자에게 손실을 입히거나 금융 질서를 문란하게 하는 행위를 금융 사고라고 정의해. 금융 사고는 금전 사고와 금융 질서 문란 행위로 구분된단다.

금전사고

금융질서문란행위

자, 여길 보면 금융 사고가 뭔지 좀 더 확실하게 알 수 있을 거야.

금융 사고란?

금융기관 소속 임직원이나 소속 임직원 이외의 자가 금융 업무와 관련해 스스로 또는 타인으로부터 권유, 청탁 등을 받아 위법·부당한 행위를 함으로써 당해 금융기관 또는 금융 거래자에게 손실을 초래하거나 금융 질서를 문란하게 하는 행위를 의미한다. 다만, 여신 심사 소홀 등으로 인해 취급 여신이 부실화된 경우에는 이를 금융 사고로 보지 않는다. 금융 사고는 금전 사고와 금융 질서 문란 행위로 구분된다. 금전 사고는 횡령·유용, 사기, 업무상 배임 및 도난·피탈 사고 등 금융 회사 또는 금융 거래자에게 금전적 손실을 초래하는 사고이며, 금융 질서 문란 행위는 사금융 알선, 금융실명법 위반, 금품수수 등 금전적 손실은 없으나 금융관계법을 위반하는 사고다.

[출처 : 금융감독원 금융용어사전]

삼촌, 피싱, 스미싱, 파밍 같은 사고 말고 다른 금융 사고는 없는 거예요?

파밍

피싱

스미싱

화폐의 역사

그럴 리가! 금융 사고는 예전부터 있었고 다양한 형태로 발생하고 있단다.

금융 사고의 유형을 설명하기 전에 화폐의 역사를 잠깐 살펴볼까?

금속 화폐가 나오기 전까지는 대부분의 사람들이 물품 화폐를 사용했어.

물품 화폐요? 물건이 화폐가 될 수 있나요?

쉽게 말해 물물교환의 형태라고 보면 돼.

상업이 발달하면서부터는 교환을 매개하는 수단으로 동전 형태의 금속 화폐가 생기게 되었단다.

이후 종이 화폐가 생겼고, 상업과 무역이 발달하면서 신용 화폐, 비트코인이라는 가상 화폐 등도 생겼지.

아 하!

이렇게 그림으로 화폐의 역사를 한눈에 보니 이해가 더 잘되는 것 같아요.

척!

방긋

그렇지? 그럼 이제 본격적으로 금융 사고의 유형에 대해 알아보자.

화폐의 형태가 달라지면서 그에 따른 금융 사고 역시 다양하게 발생하고 있어.

금융 사고 패러다임의 변화

화폐 수단의 변화	예상 피해 규모 및 범위	주요 원인	내 용
화폐시대 (물리적)	중·소	사기, 횡령, 배임, 유용, 수뢰, 현금 탈취 등	현금 탈취 등
	중	IT 기반 사기	피싱, 스미싱, 파밍
전산시대 (비물리적)	대	• 재난 (자연 및 사회재난, 테러, 풍수해 등) • 파업 등 노사 문제	• 금융 서비스 중단 – 여의도 공동구 사태 – 신한의 조흥은행 인수
		• 금리 • 외환 보유	• 서브프라임모기지 사태 • IMF 사태

금융의 패러다임이 화폐에서 전산 시대로 바뀌면서 금융 사고의 규모도 커지고 사고의 원인이나 발생 형태도 달라졌단다.

이동의 한계가 있는 물물교환 시대에는 강도나 횡령 등과 같이 물리적인 금융 사고가 주를 이뤘지만, 화폐 시대를 거쳐 가치의 유동량이 무한한 전산, IT 시대에는 해킹 등과 같이 비물리적인 형태로까지 금융 사고의 범위가 확대됐지.

그럼 금융 사고가 발생하면 피해 규모도 예전보다 지금이 더 크겠네요.

맞아. 금융 사고의 규모가 점차 커지면서 금융 사고를 금융 재난으로 보는 인식이 확대되고 있단다.

금융 사고의 사례에 대해서 좀 더 설명해 주세요.

누나답지 않게 갑자기 학습에 대한 열의가 너무 불타는 것 같은데.

우리나라의 IMF 사태

대외적 상황

태국의 외환위기로 홍콩증시가 폭락하면서 국제적 신용평가기관들은 아시아의 신용등급을 일제히 하향 조정했고 외국인들은 내부적으로 위기를 겪고 있는 한국에서 본격적으로 자금회수를 진행했는데 이때가 외채상환 만기일과 겹치는 시기였다.

대내적 상황

경기침체와 금융 부실로 인한 대기업 도산으로 주식시장과 외환시장에 커다란 혼란이 왔다. 금융기관과 기업들은 국제 유동성을 확보할 수 없었고, 정부 역시 외환 보유고를 충분히 확보하지 못해 우리나라의 외환 위기는 가속화됐다.

1997년 우리나라는 외환위기를 겪으면서 국가 부도의 위기에 처하게 됐고, IMF 사태로 인한 피해는 생각보다 더 컸다.

30대 대기업 중 17개 기업이 무너지고, 이에 따라 실업자도 100만 명을 넘었다. 일자리를 잃은 가장이 늘어나면서 가정이 붕괴되고, 이혼율이 증가하면서 가족이 해체되는 상황이 생기기 시작했다. 급기야 자살률도 급증하면서 대한민국 사회 전체가 혼란에 빠지는 상황에 이른다.

외환 위기의 여파는 사회 양극화를 비롯해 고용 불안과 청년 실업의 문제로까지 확산됐고 이러한 문제는 현재까지도 해결되지 못하고 있다.

심각한 금융 위기를 맞은 우리 정부는 어떤 조치를 취했을까?

1997년 11월 21일, 정부는 결국 국제통화기금(IMF)에 구제 금융을 신청했고, IMF는 1997년 12월 3일 210억 달러의 구제 금융을 승인했어.

또 미국, 독일, 프랑스, 영국, 캐나다, 호주가 지원을 결정하면서 우리나라는 총 550억 달러의 지원을 받게 됐지.

그러나 구제 금융을 받는 데는 몇 가지 조건이 있었어.

조 건
1. 고금리
2. 구조조정
3. 공공재의 영리화

바로 고금리, 구조조정, 공공재의 영리화야.

구제 금융을 받은 후 우리나라는 외환시장과 물가 안정을 위한 고금리 정책을 펼쳤고, 긴축재정에 돌입했다. 수요 억제를 통한 경상수지 흑자 정책과 함께 국민들의 금모으기 운동까지 더해지면서 2004년 5월까지 갚기로 한 196억 달러를 2001년 8월 조기 상환할 수 있었다.

한국 경제는 IMF 위기를 겪은 지 2년 만에 고성장, 저물가, 경상수지 흑자라는 세 마리 토끼를 동시에 잡는 능력을 보여 줬어.

고성장　저물가　경상수지 흑자

우~와!

아! 금모으기 운동은 저도 들어본 적 있어요.

오랜만에 아는 거 나와서 신났네!

금모으기 운동은 우리나라가 IMF 사태를 극복하는 큰 원동력이 됐지.

금모으기 운동은 IMF 구제 금융 요청 당시 우리나라의 부채를 갚기 위해서 국민들이 자신이 소유하고 있는 금을 자발적으로 내놓은 운동이야. 당시 이 운동으로 약 227톤의 금이 모였고, 이 운동은 국민들의 자발적인 희생 정신을 엿볼 수 있는 대표적인 사례가 됐단다.

맞아. 그때는 온 국민이 한 마음으로 나라를 살리기 위해서 애썼어. 남편의 유품인 금반지부터 친정어머니가 물려 주신 금가락지, 팔순 노인이 간직한 금반지까지 선뜻 내놓았던 기억이 나는구나.

네, 맞아요. 외환위기 때뿐만 아니라 우리나라 역사에서 위기가 있을 때마다 이를 극복하기 위해 애썼던 이들은 다름 아닌 국민들이었죠.

고려 시대 대몽항쟁의 주체였던 농민을 비롯해서 구한말 국채보상운동, 동양 최대의 독립운동인 3.1운동 역시 당시 서민들의 주도로 이뤄졌으니까요.

힘든 시기를 빠르게 극복한 데는 국민들의 힘이 정말 컸군요.

뭔가 감동적이다.

그리고 중요한 게 있는데….

공동구란?

전기 · 가스 · 수도 등의 공급설비, 통신시설, 하수도 시설 등과 같은 지하 매설물을 공동 수용함으로써 미관 개선, 도로 구조 보전, 교통의 원활한 소통을 기하기 위해 지하에 설치하는 시설물.

공동구 표준단면도

배전 · 송전 / 난방 · 쓰레기 수송관 · 상수 · 중수 · 통신

여의도 공동구 화재 사건

2000년 2월 18일 오후 8시 20분경, 여의도 우체국 앞 지하에 매설된 전기, 통신 공동구에서 연기가 발생했다. 불은 점차 커져 공동구에 매설된 케이블 등을 태웠다. 이 화재로 인근 아파트 5,000여 가구의 전기 공급이 끊기고 3만 3,000 회선의 전화선이 하루 종일 불통돼 여의도 일대의 주요 기관들의 업무가 마비됐다. 화재는 2월 19일 오후 1시쯤 진화됐지만, 이 화재로 32억 원의 피해가 발생했고, 소방대원 2명이 부상을 당하는 인명 피해를 낳았다.

공동구는 '국가중요시설' 또는 '국가기반시설'을 포함한 시설물 등에 전력, 통신, 상수도, 가스 등을 제공하는 중요한 역할을 한단다.

만약 공동구에 문제가 생기면 그 피해가 엄청나겠는걸요?

맞아. 공동구에 문제가 발생하면 그 시설의 기능에 따라서 천문학적인 경제적 손실을 일으킬 수 있고, 심하면 국가 전체가 마비되는 상황을 초래할 수도 있어.

쿵!

W 손실

그리고 보면 공동구는 사람의 혈관과도 같은 거네요!

그렇지! 이야~ 아주 멋진 표현인걸!

후훗. 이 정도는 기본이죠.

자, 그럼 '국가중요시설'과 '국가기반시설'에 어떤 것들이 포함되는지 알려 줄게.

스윽

국가중요시설

국가기반시설

국가중요시설	위해 세력의 공격을 받았을 때 공항이나 항만, 원자력발전소 등과 같이 국가 경제나 국방에 심각한 상황을 초래할 수 있는 시설.
국가기반시설	국민의 생명과 재산, 경제에 중대한 영향을 미칠 수 있는 시설로 지속적인 관리가 필요하다고 인정되는 시설. (에너지, 정보통신, 교통수송, 금융, 산업, 의료 · 보건, 원자력, 건설 · 환경, 식 · 용수 등 9개 분야)

미국이 금융 위기를 겪은 이야기도 해 줘야겠다. 이건 미국뿐만 아니라 전 세계에 영향을 주었지.

미국 서브프라임모기지 사태
2000년대 초반 IT산업 버블이 붕괴되고, 9·11 테러와 아프간, 이라크 전쟁이 발발하면서 미국의 경기는 악화되기 시작했다. 연방준비제도이사회(FRB, Federal Reserve Board of Governor)는 미국 경기 활성화 추진의 일환으로 기준 금리를 5.25 %에서 1 %로 낮췄다.

휘이잉

금리가 내려가자 부동산 투기가 활성화됐고, 2000~2006년 사이 미국의 주택 가격은 90 % 가까이 상승했다.

슈우웅

90% 상승

이에 주택담보대출은 저소득층을 대상으로 하는 서브프라임 등급까지 확대됐으며 세계 각국의 금융기관은 미국의 파생금융상품에 투자하기 시작했다.

은 행   대출

와

하지만 이내 상황은 급변한다. 부동산 가격이 급락하고 대출 연체율이 급등하면서 대출을 받아 집을 샀던 저소득층은 높아진 이자 부담 때문에 원리금을 제대로 갚을 수 없게 됐다.

헤헤

Oh, My God!

이 자 $

2007년 서브프라임 사태가 발생하면서 미국의 대형 금융사와 증권회사의 파산이 줄을 이었고 금융 위기는 전 세계적으로 확산됐다.

쿵

이탈리아 독일 프랑스 영국 미국

사실 우리나라는 서브프라임모기지 사태의 직접적인 피해 국가는 아니야.

하지만 우리나라의 중요한 수출국인 미국, 유럽, 일본 등에서의 어려운 금융 상황이 수출량 감소로 이어지면서 동반 경기 침체를 가져왔지.

동반 경기 침체의 여파로 우리나라의 수출량이 감소했고, 이는 제조업의 생산 감소로 이어졌어.

Sorry!

그 시기에 고용도 악화되면서 실업률이 엄청 상승했지.

OO기업

훌쩍

훌쩍

맞아요. 결국 미국발 금융 위기가 나비효과처럼 전 세계적으로 영향을 끼친 거죠.

휘이이잉

그런데 삼촌, 사고나 위기가 생겼을 때 잘 대처한 경우는 없나요?

물론 있지! 지금부터 모건스탠리와 메릴린치의 뛰어난 위기 대응 능력에 대해 말해 줄게.

모건스탠리

메릴린치

저 삼촌…, 음식 더 시켜도 돼요?

메뉴

번

쩍

으이구! 삼촌 말씀 잘 듣고 있는 줄 알았더니 먹고만 있었던 거야?

아니거든! 먹으면서 열심히 듣고 있었거든! 이거 왜 이래?

화르르르

자, 잘 들어 보렴!

9.11 테러

2001년 9월 11일 발생한 9.11 테러로 당시 미국의 세계무역센터에 입주해 있던 350여 개 기업의 전산시스템은 세계무역센터의 붕괴와 함께 대부분 파괴됐다. 하지만 모건스탠리와 메릴린치를 포함한 몇 개의 기업은 위기관리 시스템에 따른 재해복구 체계를 갖추고 있어 신속하게 업무 정상화를 이룰 수 있었다.

재해복구 체계

모건스탠리나 메릴린치와 달리 재해복구 체계를 갖추지 못했거나 미흡했던 대부분의 기업들은 9.11 테러 이후 차례로 도산했고 그 피해액도 무려 1,200억 달러에 육박했다.

위기관리 시스템호

여기서 퀴즈! 9.11 테러 당시 모건스탠리와 메릴린치의 사례가 주는 교훈은 뭘까?

유비무환의 자세가 중요하다는 거요!

오호! 그래, 맞아. 율곡 이이의 십만양병설과 정약용의 저서 〈목민심서〉에 나오는 내용에서처럼 사고의 예방과 대비는 굉장히 중요하단다.

십만양병설
율곡 이이

목민심서
정약용 저

"예방의 1온스는 치료의 1파운드(16온스)와 맞먹는다."는 영국 속담이 생각나는구나.

위기 상황이 일어나기 전에 조금만 신경 써서 준비해 두면 큰 피해를 막을 수 있겠지?

예방 1온스 = 치료 1파운드 (16온스)

돌발 상황에서 빠른 대처로 피해를 최소화하는 방법은 위기관리 시스템 구축과 사고에 대비한 철저한 훈련뿐이라는 걸 꼭 기억하렴.

먹는 데만 집중하는 줄 알았더니 내 동생 제법인걸!

삼촌, 그런데 십만양병설과 〈목민심서〉는 무슨 내용인가요?

십만양병설과 〈목민심서〉의 내용을 간략하게 설명해 줄게.

율곡 이이의 '십만양병설'

조선 선조 때 병조판서였던 율곡 이이는 국가 안보의 중요성을 강조하며 전쟁에 대비한 군사를 길러 침략에 대비해야 한다고 주장했다.

정약용의 〈목민심서〉

다산 정약용은 재난 구제를 위해 재난 방비를 위한 유비무환의 정신과 신속한 대응을 강조했다.

철저하게 준비해도 사고가 발생하는 것을 완벽히 막을 수는 없잖아요.
이미 발생한 사고에 대처하는 방법도 굉장히 중요한 것 같아요.

맞는 말이야. 사고 이후 위기관리 시스템이 어떻게 작동했는지 되짚어 보고, 미래에 발생할 수 있는 사고에 대비하기 위해 이를 보완하고 개선하려는 노력이 필요하단다.

각종 사고 및 재해로 인한 금융 사고 사례

파업 등의 노사 문제

2003년 6월 신한의 조흥은행 인수 당시 파업으로 인한 은행 전산망 다운 위기

- 전산망 가동 중단 위기
- 6조여 원의 예금 인출 및 고객 이탈.
- 은행 대외 이미지 및 신인도 손상.

테러, 지진, 홍수

2001년 9월 미국 세계무역센터 테러로 인한 금융기관 전산망 재해

- 28일 동안 통신 중단.
- 모건스탠리 등 28개 사 재해복구 센터에서 시스템 복구 작업 진행.
- 1,700여 대 이상의 컴퓨터 파괴.
- 복구 대책이 미비했던 46개 중견 기업 파산.
- 160여 개 금융기관, 20일 이상 거래 중지.

여의도 지하 공동구 화재

2000년 2월 18일 오후 8시 20분쯤, 서울 여의도의 한 지하 공동구에서 불이 났다.

여의도 우체국 앞 지하 3 m 깊이에 매설된 전기, 통신 공동구에서 처음으로 발견된 불은 통풍구를 통해 유독가스를 내뿜으며 통로를 타고 순식간에 주변으로 번졌다.

지하 공동구에는 전기, 전화선뿐만 아니라 인터넷을 연결하는 초고

속통신망과 상수도 등 7가지의 주요 연결망이 설치돼 있었다. 전력선이 불타면서 인근 아파트 5,000여 가구의 전기 공급이 끊기고 3만 3,000회선의 전화선이 하루 종일 불통돼 증권, 은행 등과 같은 주요 기관들의 업무가 마비됐다.

유독가스 때문에 현장 접근이 어려워 불이 난 지 18시간 만인 2월

19일 오후 1시쯤 겨우 화재가 진화됐다. 서울시설관리공단, 한국통신, 한국전력 직원 등이 긴급 복구 작업에 투입돼 증권, 금융, 정당 등 주요 시설 8,330회선을 우선적으로 복구했다.

여의도 공동구는 소방법상 소방 점검 대상이 아니었기 때문에 화재 경보 시스템이나 방화벽, 환기 시설은 물론이고 스

프링클러 하나 설치돼 있지 않았다. 또 불이 난 지하 공동구는 1996년 시설관리공단의 안전진단에서 누전 가능성이 높은 곳으로 지적됐지만 어떤 기관에서도 이에 대한 조치를 취하지 않았다.

결국 부실한 소방 시설과 허술한 관리 체계 및 명확하지 않은 관리 주체가 여의도 공동구 화재의 원인이었다. 공동구에 관한 관리법을 시행하고 공동구 내 방재시설 설치를 의무화하는 등 철저한 관리와 함께 안전진단 결과에 대한 시행이 제때 이루어졌다면 이런 화재는 얼마든지 막을 수 있었다.

/ 재난뉴스 기자

재난대처방법 금융

스마트폰 이용자 10대 안전수칙 [출처 : 한국인터넷진흥원]

- ☐ 의심스러운 애플리케이션은 다운로드하지 않는다.
- ☐ 신뢰할 수 없는 사이트는 방문하지 않는다.
- ☐ 발신인이 불명확하거나 의심스러운 메시지 및 메일은 삭제한다.
- ☐ 비밀번호 설정 기능을 이용하고 정기적으로 비밀번호를 변경한다.
- ☐ 블루투스 기능 등 무선 인터페이스는 사용할 때만 켜놓는다.
- ☐ 이상 증상이 지속될 경우 악성코드 감염 여부를 확인한다.
- ☐ 다운로드한 파일은 바이러스 유무를 검사한 후 사용한다.
- ☐ PC에도 백신프로그램을 설치하고 정기적으로 바이러스를 검사한다.
- ☐ 스마트폰 플랫폼의 구조를 임의로 변경하지 않는다.
- ☐ 운영체제 및 백신프로그램을 항상 최신 버전으로 업데이트한다.

보이스피싱, 파밍 등 전자금융사기 안전수칙

[출처 : 금융감독원 금융소비자보호처]

- ☐ 공공기관이나 금융당국 등을 사칭해 개인정보를 요구하는 경우 답변하지 않는다.
- ☐ 출처가 불분명한 이메일, 스마트폰 문자메시지의 인터넷 링크는 절대 클릭하지 않는다.
- ☐ 본인이 사용하지 않은 카드 거래 내역이 휴대폰 메시지로 통보되는 경우 즉시 카드회사에 확인을 요청한다.
- ☐ 휴대전화 소액결제를 이용하지 않을 경우 통신사 콜센터를 통해 소액결제 서비스를 차단한다.
- ☐ 금융 사기가 의심되거나 피해가 발생했을 경우 경찰청(☎112), 금감원(☎1332) 또는 금융 회사에 즉시 지급 정지를 요청한다.

피싱(Phishing) 피해 예방

☐ OTP(일회성 비밀번호 생성기), 보안토큰(비밀정보 복사 방지)을 사용한다.

☐ '출처 불명' 또는 금융기관 주소와 '다른 주소'로 발송된 이메일은 즉시 삭제한다.

☐ 이메일 첨부파일에 확장자가 '.exe, .bat, .scr' 등의 압축파일이면 열람하지 않는다.

☐ 보안카드번호 전부를 절대 입력하지 않는다.

☐ 사이트 주소의 정상 여부를 확인한다.

※ 가짜 사이트는 정상 사이트 주소와 유사하나, 문자열 순서 · 특수문자 삽입 등에서 차이가 있다.

피싱(Phishing) 대처 요령

[출처 : 사이버경찰청]

☐ 금전 피해가 발생한 경우

– 피해 구제 : 신속히 112센터나 금융기관 콜센터를 통해 지급정지를 요청한 뒤 해당 은행에 경찰이 발급한 '사건사고 사실 확인원'을 제출해 피해금 환급을 신청한다.

※ 피해금 환급 과정은 파밍(Pharming) 대처 요령 참고

– 가짜 사이트 신고 : 한국인터넷진흥원 보호나라(www.boho.or.kr)에 신고한다.

☐ 금전 피해가 발생하지 않은 경우

– 수신한 이메일을 삭제한다.

– 입력했던 금융 정보들은 해당 금융기관을 통해 변경한다.

– OTP(일회성 비밀번호 생성기)를 사용한다.

파밍(Pharming) 피해 예방 ❶

☐ OTP(일회성 비밀번호 생성기), 보안토큰(비밀정보 복사 방지)을 사용한다.

☐ 컴퓨터 · 이메일 등에 공인인증서, 보안카드 사진, 비밀번호를 저장하지 않는다.

☐ 보안카드번호 전부를 절대 입력하지 않는다.

파밍(Pharming) 피해 예방 ❷

- ☐ 사이트 주소의 정상 여부를 확인한다.
- ☐ 가짜 사이트는 정상 사이트 주소와 유사하나, 문자열 순서·특수문자 삽입 등에서 차이가 있다.
- ☐ 윈도우, 백신프로그램을 최신 상태로 업데이트하고 실시간 감시 상태를 유지한다.
- ☐ 전자금융사기 예방 서비스(공인인증서 PC 지정 등)에 적극 가입한다.
- ☐ 출처 불명인 파일이나 이메일은 즉시 삭제하고, 무료 다운로드 사이트의 이용을 자제한다.

파밍(Pharming) 대처 요령 ❶

[출처 : 사이버경찰청]

☐ 금전 피해가 발생한 경우

– 피해 구제 : 신속히 112센터나 금융기관 콜센터를 통해 지급 정지를 요청한 뒤 해당 은행에 경찰이 발급한 '사건사고 사실 확인원'을 제출해 피해금 환급을 신청한다.

※ 피해금 환급 과정(전기통신금융사기 피해금 환급에 관한 특별법)

지급 정지 신청	명의자 채권 소멸	피해자 환급
① 피해자가 112 또는 금융기관 콜센터에 전화해 지급 정지 신청 ② 해당 은행에서 지급 정지 조치 ※ 경찰에서 발급한 사건사고 사실 확인원 제출	[주관 : 금융감독원] ① 명의자 채권 소멸 개시 공고 ② 공고 2개월 뒤 채권 소멸 ※ 2개월이 지나기 전까지 명의인의 이의 제기 가능	[주관 : 금융감독원, 은행] ① 금융감독원은 명의자 채권 소멸 뒤 14일 내 환급금액을 결정해 금융기관 피해자에게 통지 ② 금융기관은 피해금 지급

– 악성코드 삭제 : 백신프로그램을 이용해 치료하거나 피해 컴퓨터를 포맷 조치한다.

※ 한국인터넷진흥원 '보호나라(www.boho.or.kr)' 서비스를 통해 'PC 원격 점검' 이용

파밍(Pharming) 대처 요령 ❷

[출처 : 사이버경찰청]

- ☐ 금전 피해가 발생하지 않은 경우
  - – 악성코드를 삭제한다.
  - – 입력했던 금융 정보는 해당 은행을 통해 변경한다.
  - – OTP(일회성 비밀번호 생성기)를 사용한다.

스미싱(Smishing) 피해 예방

☐ 출처가 확인되지 않은 문자메시지의 인터넷 주소를 클릭하지 않는다. (지인에게서 온 거라도 클릭 전 전화로 확인한다.)

☐ 미확인 앱이 설치되지 않게 스마트폰의 보안 설정을 강화한다.
※ 스마트폰 보안 설정 강화 방법 : 환경설정 〉 보안 〉 디바이스 관리 〉 '알 수 없는 출처'에 √ 체크가 되어 있다면 해제.

☐ 소액결제를 원천적으로 차단하거나 결제 금액을 제한한다. (자신의 스마트폰으로 114를 눌러 상담원과 연결해도 소액결제를 차단할 수 있다.)

☐ 스마트폰용 백신프로그램을 설치하고 주기적으로 업데이트한다.

☐ 공인된 오픈마켓을 통해 앱을 설치한다.

☐ 보안강화ㆍ업데이트 명목으로 금융 정보를 요구하는 경우 절대 입력하지 않는다.

스미싱(Smishing) 대처 요령 ❶   [출처 : 사이버경찰청]

☐ 금전 피해가 발생한 경우

– 금융기관 콜센터 전화 : 경찰서에서 발급받은 '사건사고 사실확인원'을 이동통신사, 게임사, 결제대행사 등 관련 사업자에게 제출한다.

– 악성파일 삭제 : 스마트폰 내 '다운로드' 앱 실행 ⇨ 문자 클릭 시점 이후, 확장자명이 apk인 파일의 저장 여부 확인 ⇨ 해당 apk 파일 삭제
※ 삭제되지 않는 경우, 휴대전화 서비스센터에 방문하거나 스마트폰을 초기화한다.

– 악성코드 삭제 : 백신프로그램을 이용해 치료하거나 피해 컴퓨터를 포맷한다.
※ 한국인터넷진흥원 '보호나라(www.boho.or.kr)' 서비스를 통해 'PC 원격점검' 이용

스미싱(Smishing) 대처 요령 ❷   [출처 : 사이버경찰청]

☐ 금전 피해가 발생하지 않은 경우

– 스마트폰에 설치된 악성파일을 삭제한다.

– 해당 이동통신사에서 제공하는 예방 서비스를 이용한다.

재난지식 노트

금리와 환율의
정의를 기억해요!

금리란? ☆ 꼭 기억하자!

일상생활을 하다보면 남은 돈을 은행에 예금하기도 하지만 돈
이 부족해 은행에서 빌려야 하는 경우가 생긴다. 이때 돈을 빌
린 사람은 일정 기간 빌린 돈에 대한 대가를 지급해야 하는데
이를 '이자'라고 한다. 한마디로 빌린 돈 즉, 원금에 대한 이자
의 비율을 금리라고 한다.

금리는 수요(돈을 빌리려고 하는 자금)와 공급(돈을 빌려 주고
자 하는 자금)을 조절하는 '자금 수급 조절' 기능과 많은 이익을
낼 수 있는 산업으로 자금이 흘러가도록 유도하는 역할을 하는
'자금 배분' 기능을 가지고 있다.

물가란?

필요한 물건을 사기 위해 지급하는 돈의 액수를 가격이라고 한
다. 물가는 상품 하나의 가격보다는 모든 상품의 전반적인 가격
수준 즉, 상품의 평균적인 가격 수준을 의미한다.

시중에 존재하는 모든 물건에 대한 가격을 조사해서 물가를 발
표하는 것은 불가능하므로 소비자물가, 생산자물가, 수입물가,
수출물가 등 성격에 맞게 분류해 물가를 조사한다. 보통 언론매
체에서 '물가가 올랐다'라고 했을 때 별다른 언급이 없다면 소
비자물가를 가리키는 것으로 생각하면 된다.

환율이란? ☆ 꼭 기억하자!

서로 다른 두 나라의 돈의 교환 비율을 환율이라고 한다. 외국
과의 거래가 활발해지면서 거래에 따른 두 나라의 돈이 교환된
다. 우리가 해외여행을 갈 때 여행 가는 나라의 돈으로 환전을
하게 되는데 이때도 환율이 적용된다.

환율은 외환이 거래되는 시장에서 외환의 수요와 공급에 따라
결정되는데 오늘날 외환 거래가 가장 많이 이루어지는 곳은 뉴
욕, 런던, 동경 등 3대 국제외환시장이다. 이 국제외환시장에서
주요 국가의 환율이 결정된다.

5 # 노후화

짹짹

짹

짹

아빠! 오랜만에 서울을 벗어나 조용한 사찰에 오니까 마음이 차분해지는 것 같아요.

그래, 가끔 교외로 나와서 스트레스를 풀어 주는 것도 좋은 것 같구나.

우리 조카들은 어때? 이런 사찰은 처음이지?

두리번 두리번

네, 아침 일찍 일어나느라 좀 힘들었는데 막상 와 보니 여기저기 둘러볼 곳들이 많은 것 같아요.

불끈

맞아요. 게다가 공기도 좋아서 몸이 건강해지는 기분이에요!

하하하. 너희들과 함께 부석사에 오길 잘했구나.

그런데 아빠, 저 건축물은 정말 오랜된 것 같아요.

무량수전

경상북도 영주시 부석면 북지리 부석사에 있는 고려 중기의 목조 건축물로 1962년 12월 20일 국보 제 18호로 지정되었다. 비슷한 시기의 건축물과 비교했을 때 목조 건축의 형태미와 비례미를 가장 잘 보여 주는 건축물로 평가받고 있다. 우리나라에 몇 안 되는 고려시대 건축물 중 하나로써 고려시대 불전을 연구하는 데 중요한 건축물이다.

아, 저건 무량수전이라고 하는 고려시대 목조 건축물이란다.

네에~? 고려시대에 만들어졌다고요?

그렇게 오래된 건축물이 아직까지 온전하게 남아 있다니!

무량수전은 화재로 인해 재건되었다는 기록이 있지만, 재건된 시기 역시 고려시대라는 점을 감안하면 오랜 세월을 잘 견뎌낸 건축물이라고 할 수 있지.

와~ 몇 백 년이 지났는데도 이렇게 튼튼하게 남아 있을 수 있다는 게 정말 놀라워요.

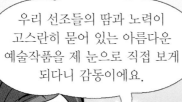

우리 선조들의 땀과 노력이 고스란히 묻어 있는 아름다운 예술작품을 제 눈으로 직접 보게 되다니 감동이에요.

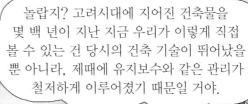

놀랍지? 고려시대에 지어진 건축물을 몇 백 년이 지난 지금 우리가 이렇게 직접 볼 수 있는 건 당시의 건축 기술이 뛰어났을 뿐 아니라, 제때에 유지보수와 같은 관리가 철저하게 이루어졌기 때문일 거야.

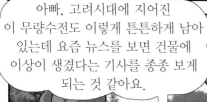

아빠, 고려시대에 지어진 이 무량수전도 이렇게 튼튼하게 남아 있는데 요즘 뉴스를 보면 건물에 이상이 생겼다는 기사를 종종 보게 되는 것 같아요.

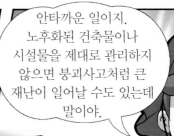

안타까운 일이지. 노후화된 건축물이나 시설물을 제대로 관리하지 않으면 붕괴사고처럼 큰 재난이 일어날 수도 있는데 말이야.

삼촌, 노후화가 뭐예요? 오래돼서 늙어간다는 의미인 것 같긴 한데….

아주 틀린 말은 아닌 것 같구나. 삼촌이 노후화에 대해 정확하게 설명해 줄게.

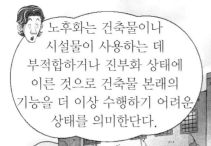

노후화는 건축물이나 시설물이 사용하는 데 부적합하거나 진부화 상태에 이른 것으로 건축물 본래의 기능을 더 이상 수행하기 어려운 상태를 의미한단다.

건물이나 시설물을 지을 때 사용한 부재나 부품, 재료 등의 성능이 저하되면 건축물의 기능 저하도 자연스레 따라오게 되고, 이런 기능 저하가 지속되면서 노후화가 진행된다고 보면 되지.

아~ 그럼 처음엔 튼튼했던 건물도 시간이 지나면서 점점 약해진다는 거네요?

그래, 맞아. 노후화는 처음엔 아주 더디게 진행되지만 일정 한계를 넘어서는 순간 급속도로 기능 저하가 진행되기 때문에 큰 사고로 이어질 수 있는 거야.

삼촌, 그럼 지은 지 오래되고 관리가 안 된 건축물만 노후화 됐다고 하는 건가요?

좋은 질문이야. 노후화는 단순히 오래된 건물만을 의미하는 게 아니란다.

자, 노후화의 종류에 대해 이해하기 쉽게 정리해 줄게.

노후화의 종류

물리적 노후화

- 자연적 원인 : 기후환경, 천재지변 등
- 인위적 원인 : 설계상 하자, 잘못된 시공, 사용으로 인한 마모 등

기능적 노후화

건물이나 시설물의 기능적 측면에서의 진부화, 부적응화 등으로 인해 더 이상 유용성을 발휘하지 못하는 경우

경제적 노후화

기존 건물이나 시설물의 유지, 보존 비용이 재건축 비용보다 많을 경우

사회적 노후화

도시계획 변경이나 토지 이용의 변화에 따라 사용 가치가 없어져 건물이나 시설물이 더 이상 존재하기 어렵게 된 경우

노후화 ★ 137

노후화도 성격에 따라 그 종류가 다양하군요.

물리적 노후화 　기능적 노후화
경제적 노후화 　사회적 노후화

아하

그럼 노후화의 종류에 따라 그에 맞는 방법으로 노후화를 예방하는 것이 중요하겠어요.

깜짝이야!

그렇단다. 앞서 말했듯이 노후화는 초기에는 더디게 진행되기 때문에 알아채기 어려울 수 있어.

그렇기 때문에 건축물에 이상이 없다고 판단하는 단계에서 계획적인 점검과 보수를 실시해서 건축물 전체의 내용연수를 연장하는 게 굉장히 중요하지.

건물에 이상이 생기기 전부터 철저한 관리가 필요하다는 건 잘 알겠어요. 그런데 삼촌, 내용연수가 무슨 뜻이에요?

내용연수

설계도면

설계 　시공 　준공 　사용

폐기 　철거 　노후화 　유지관리

건물이나 시설물의 설계, 시공, 준공, 사용, 유지관리, 노후화, 철거, 폐기까지의 전수명, 즉 건물 또는 시설물의 라이프 사이클 기간을 의미한단다.

그리고 내용연수를 연장한다는 건, 적절한 유지관리를 통해 시간이 경과하면서 저하되는 건물의 성능이나 기능을 보전해 나간다는 뜻이야.

건물이나 시설물을 구성하는 재료들은 각각 가지고 있는 수명이 다르기 때문에 이에 맞게 점검과 관리를 해 주는 것이 매우 중요하겠지?

네에~!!

아빠, 노후화를 피할 수 있는 방법은 없는 건가요?

모든 건물과 시설물은 시간의 경과에 따라 외부환경의 영향을 받기 때문에 성능 저하가 일어날 수밖에 없어.

결국 건물과 시설물의 존치기간을 증가시키고 이를 통해 건축물의 경제적 가치뿐 아니라 사용자의 안전을 보장하는 게 유지관리 행위의 목적이라고 할 수 있지.

건물과 시설물의 유지관리 행위는 안전관리와 보존관리로 구분할 수 있어. 여길 한번 보겠니?

건축 · 시설물의 유지관리 행위

안전관리	• 시설물 사용자를 외부 환경과 시설물 붕괴로부터 보호 • 유지관리 행위의 필수적 기본 요소 • 인위적 외부 환경(시공부실, 부적절한 사용 조건 등)에 대응
보존관리	• 경제적 가치와 사용성 보존 • 자연적 외부 환경(비, 바람, 눈, 온도차 등)에 대응

아하~ 노후화를 완전히 막을 순 없지만 인위적, 사인적 외부 환경에 따라 안전관리와 보존관리를 철저히 하면 건축물의 수명도 늘리고 사용하는 사람들의 안전도 함께 보장할 수 있겠네요.

그렇지! 제대로 이해했구나. 역시 내 아들이야!

헤헤, 뭘요.

그럼 노후화 된 건축물이나 불량 건축물은 어떻게 판단할 수 있을까?

아무래도….

건물에 금이 가고 페인트 칠이 벗겨져서 지저분한 건물이요!

으이구! 그렇게 단순하게 생각할 게 아니라고!

아주 틀린 말은 아냐. 하지만 노후화 된 건축물과 불량 건축물을 판단하는 기준이 따로 있단다.

거 봐! 내 말도 맞잖아!

챗! 잘난 척은.

노후 · 불량 건축물에 해당하는 건축물은 도시및주거환경정비법 제2조, 시행령 제2조에 자세하게 명시돼 있어.

도시및주거환경정비법 제2조 및 시행령 제2조

- 건축물이 훼손되거나 일부가 멸실되어 붕괴 그 밖의 안전사고의 우려가 있는 건축물
- 다음의 요건에 해당하는 건축물로써 대통령령으로 정하는 건축물
  (1) 주변 토지의 이용 상황 등에 비추어 주거환경이 불량한 곳에 소재할 것
  (2) 건축물을 철거하고 새로운 건축물을 건설하는 경우 그에 소요되는 비용에 비하여 효용의 현저한 증가가 예상될 것
- 도시미관의 저해, 건축물의 기능적 결함, 부실시공 또는 노후화로 인한 구조적 결함 등으로 인하여 철거가 불가피한 건축물로써 대통령령이 정하는 건축물
- 급수 · 배수 · 오수 설비 등의 설비 또는 지붕 · 외벽 등 마감의 노후화나 손상으로 그 기능을 유지하기 곤란할 것으로 우려되는 건축물
- 당해 건축물을 준공일 기준으로 40년까지 사용하기 위하여 보수 · 보강하는 데 드는 비용이 철거 후 새로운 건축물을 건설하는 데 드는 비용보다 클 것으로 예상되는 건축물

단순히 지어진 지 오래된 건축물만 노후화의 대상이 된다고 생각했는데, 생각보다 그 범위가 다양하네요.

그렇단다. 준공된 지 오래된 건물은 물론이고, 도시미관을 저해하거나 안전사고의 우려가 있는 경우, 보수·보강에 필요한 비용이 큰 경우 등 다양한 기준으로 노후화 및 불량 건축물의 범위를 판단하고 있어.

삼촌! 그럼 어디에서 이런 시설물들의 유지관리를 하고 있나요?

아, 그건 우리나라 시설물의 유지관리 체계를 알면 금세 이해될 거야.

우리나라는 중앙정부조직을 중심으로 시설물의 특성에 맞게 관련 산하기관들과 광역시 및 지방자치단체에서 업무를 분담하고 있어.

유지관리 업무는 '시설물안전에 관한 특별법'(이하 시특법)에 근거해 일정 규모 이상인 시설물에 대해 일정기간에 안전점검과 정밀안전진단을 하도록 규정하고 있지.

시특법 대상 시설물은 규모에 따라 1종 시설물과 2종 시설물로 나뉘는데, 이런 시설물을 소유한 공공 또는 민간에서는 정기적으로 안전점검 및 안전진단을 받도록 법으로 규정하고 있단다.

국내 시설물 유지관리 체계

중앙정부조직

업무 분담 → 관련 산하기관 → 안전점검 및 안전진단 → 시설물 소유자 (공공 또는 민간)

안전점검 및 안전진단 → 시설물 소유자 (공공 또는 민간)

업무 분담 → 광역시 및 지방자치단체 → 안전점검 및 안전진단 → 시설물 소유자 (공공 또는 민간)

아빠, 무량수전의 지붕을 튼튼하게 지탱하는 이 기둥처럼 쉽게 무너지지 않는 강한 재료를 사용하면 노후화를 늦출 수 있지 않나요?

스윽

음, 내구성을 갖춘 재료들로 건물을 짓는 것은 당연해. 하지만 단순히 그 조건만으로 노후화에 대비하기에는 어려움이 있단다.

왜요? 무량수전이 이렇게 오랜 시간 그 모습을 그대로 유지할 수 있는 건 쉽게 약해지거나 무너지지 않는 재료를 사용해서 그런 거 아닌가요?

무량수전은 우리 후대에 남겨야 할 귀중한 문화재이기 때문에 그 모습 그대로 유지하고 보존하는 것이 맞아.

하지만 우리가 실제로 사용하는 건물이나 시설물의 경우는 사회나 환경의 변화에 따라 바뀔 필요가 있단다.

그치만 삼촌, 한 번 지은 건물의 형태를 바꾸는 건 너무 힘들지 않아요? 비용도 많이 들 것 같고요.

너무 비싸!

그래서 요즘은 건축물이나 시설물의 장수명화를 활성화하기 위해 노력하고 있지.

장수명화요?

100살

장수명 주택을 예로 들어 설명하면 장수명화의 개념을 좀 더 쉽게 이해할 수 있을 거야.

장수명 주택은 말 그대로 주택의 성능과 기능은 유지하면서 수명이 긴 주택을 말한단다.

건설자원을 효율적으로 활용하고 입주자의 주거 만족도를 높이기 위해 오래가면서도 쉽게 고쳐 쓸 수 있는 주택인 거지.

오래가면서 쉽게 고쳐 쓸 수 있어야 한다고요?

그래. 좀 전에 말했듯 시간이 흐르고 시대가 변하면 가족의 형태나 생활양식도 바뀌게 돼 있어. 그렇다면 가족들이 생활하는 주거공간 역시 그에 맞게 합리적으로 바뀌는 게 좋겠지?

바쁘게 돌아가는 현대 도시에서 부뚜막이 딸린 부엌이나 집 바깥에 화장실이 있는 집이 과연 효용성이 있을까?

아하! 예를 들어 주시니까 바로 이해가 돼요!

저도요, 삼촌! 튼튼하면서도, 상황에 맞게 바꿀 수 있으면서 오래 유지되는 집이 장수명 주택인 거네요.

장수명 주택에 대해 이해한 것 같으니 좀 더 덧붙여서 설명해 줄게.

장수명 주택이 되려면 보통 100년 정도의 기간 동안 건물이 견딜 수 있는 내구성을 가지고 있어야 하는데, 내구성만 가지고 있다고 해서 장수명 주택이 되는 것은 아니야.

건물이나 시설물에서 요구되는 내구성이란?

일정 기간 동안 제품, 부재, 시설물이 사용성을 유지하는 능력. 수명은 시공 후 정기적인 유지관리 상태에서 최저 허용 기준 이상으로 모든 성질이 유지되는 기간을 의미한다.

100년 동안의 시간이 흐르면서 변하는 생활방식이나 주거양식에 맞게 집의 형태도 달라져야 한다는 거죠?

그렇지. 건물이 장기간 유지되기 위한 내구성은 물론이고, 변화에 융통성 있게 대응하고 적응하기 위한 유지관리와 리모델링 작업이 반드시 필요하지.

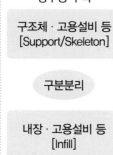

이 그림을 보면 장수명 주택의 개념을 쉽게 정리할 수 있을 거야.

장수명 주택의 개념

장수명 주택	기술	효과
구조체 · 고용설비 등 [Support/Skeleton]	가변성	국가적 자원 및 에너지 절감 쓰레기 배출 억제
구분분리	유지보수 리모델링 용이성	+
내장 · 고용설비 등 [Infill]	내구성	사용자 부담 경감 맞춤형 주택 실현 고품질 주택 성능

오랜만에 한적한 곳으로 소풍 왔는데 졸지에 공부를 하게 됐구나.

잘 보존된 문화재도 보고, 몰랐던 노후화에 대해 알게 돼서 좋았어요.

노후화에 대해서 알고 나니까 이 기차는 언제 만들어졌고 노후화가 어느정도 진행됐는지 궁금해지는걸요.

어머나! 네가 웬일로 이렇게 열심이야?

해가 서쪽에서 뜨는 거 아닌가 몰라.

누나~!!

내가 맨날 노는 것만 좋아하는 줄 알지!

그럼 아니니?

그만해. 오늘은 둘 다 아빠 말씀 열심히 듣던데, 뭐.

아빠, 서울 도착하려면 아직 한참 남았는데 노후화로 인해 발생한 피해나 대비책에 대해서 좀 더 설명해 주세요.

그럴까? 너희들도 들을 준비 됐지?

그럼요~

당연하죠!

뿌아아앙

미국 미시시피강 교량 붕괴

2007년 8월 1일 북아메리카 중부 I-35W 주간 고속도로의 8차선 교량이 붕괴되는 사건이 발생했다. 지은 지 30년 된 이 교량의 붕괴로 수십여 대의 차량이 미시시피강으로 추락했고 일부 차량에서는 화재가 발생했다.

다리가 무너지다니! 안전점검을 제대로 하지 않아서 사고가 발생했나 보군요.

아니, 이 다리는 사고가 발생하기 3개월 전에 안전점검을 받았어.

안전점검을 할 때 문제점이 발견되지 않은 거예요?

깜

짝

그런 셈이지. 전문성이 부족한 전문가의 점검과 점검과정에서 지적된 안전문제에 대한 미흡한 대처가 큰 사고로 이어진 거야.

불행 중 다행히도 이 교량은 붕괴되더라도 잔해가 적은 방식으로 설계됐고, 사고 시점이 러시아워라서 차량 주행속도가 느려 추락 시 운동량이 크지 않았어.

이 사고로 인한 인명 피해는 확인된 사망자가 6명, 부상자가 100여 명이었고, 실종자는 8명 정도였다.

구조 작업 역시 신속하게 진행돼서 처음 예상과 달리 인명 피해가 적은 편이었지.

아빠, 그래도 다리가 무너지는 큰 사고였잖아요.

이 사고 이후로 안전 점검에 대해서 어떤 조치가 이뤄졌어요?

이 사고 이후에 미국의 전문가들은 노후화 시설에 대한 안전대책이 국가가 우선적으로 처리해야 할 과제라 생각했고, 이에 근거해 시설물 안전관리에 대한 전반적인 제도 개선이 이루어졌단다.

시설물 안전관리 제도 개선

사고가 일어난 건 안타깝지만 그 이후 제도 개선이 이루어졌다니 소 잃고 외양간을 제대로 고친 셈이네요.

그렇지! 튼튼하게 외양간을 고쳐 놓으면 또 다시 소를 잃는 사고는 발생하지 않을 거야.

앞으로는 새로운 도로나 시설물, 건물을 만드는 것보다 기존의 시설을 잘 관리해서 저렴한 비용으로 성능을 극대화하는 게 필요한 시점이란다.

기존의 사후적 유지보수에서 예방 차원의 새로운 유지관리 개념이 필요한 거지.

삼촌! 지은 지 오래됐지만 큰 사고 없이 안전하게 유지관리 된 건축물도 있겠죠?

금문교(golden gate bridge)

당연하지! 미국의 유명한 다리 금문교가 바로 그런 건축물 중 하나란다.

1933년에 착공해 1937년에 완공된 금문교(golden gate bridge)는 전체 길이 2,789 m, 폭 27 m, 높이 247 m로 매일 10만여 대의 차가 오가고 걸어서도 건널 수 있다. 금문교는 붉은색의 교량이 주위 경치와 조화를 이루며 샌프란시스코의 상징이 되었다.

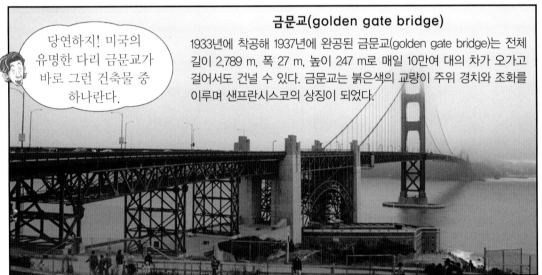

와~ 사진으로 봐도 엄청 크고 아름답네요.

와~

그렇지? 금문교는 시속 160 km의 풍속에도 견딜 수 있게 설계된 것이 특징이야.

휘이이잉

그 정도 바람은 끄떡없지!

게다가 준공 이후 철저한 유지관리를 위해 한 해도 거르지 않고 보수·보강 공사를 실시하는 것으로도 유명하단다.

*강교 강재(鋼材)를 사용해 만든 다리로 쇠로 만든 다리를 모두 강교라 한다.
*도장 물체의 표면에 칠을 해 부식 방지 및 내구성을 높이는 작업.

잠깐만 방심해도 사고가 일어나는 만큼 안전에 대한 꾸준한 관심이 필요한 것 같아요.

그렇단다. 사고가 일어난 그 순간에만 관심을 갖게 되면 같은 사고가 반복될 수 있어. 특히 많은 사람들이 이용하는 시설물은 더욱 조심해야 돼.

지금 우리가 타고 있는 기차나 지하철처럼 많은 사람이 한꺼번에 이용하는 시설물은 안전관리에 더 신경을 써야겠군요?

맞아. 뉴스나 신문에서 종종 지하철과 관련된 사고를 본 기억이 있을 거야.

모든 지하철 사고의 원인이 노후화 때문은 아니지만 전동차나 관련 시설물의 노후화로 인해 생길 수 있는 사고에 대비하고, 문제점을 파악해서 보강하는 작업은 반드시 필요해.

한국 최초의 지하철

1974년 8월 15일 서울지하철 1호선 및 수도권전철이 개통되었다. 이는 한국의 첫 지하철로 개통 후 40년이 넘는 세월이 흘렀다. 오랜 시간 운영된 만큼 전동차를 비롯해 지하철 주요 시설인 송배전선 등 노후화가 진행되는 부분에 대한 유지보수와 관리가 필요하다.

우리나라의 기반 시설물은 현재 '고령화'가 급속히 진행중이며 2024년에는 30년이 경과한 시설물이 2014년 대비 2배 이상 급증하고 비중 또한 20 %가 넘어설 것이라는 전망이다.

[출처 : 한국시설안전공단]

30년 이상 노후기반시설물 분포 및 전망

2014년 1,860
2019년 2,921
2024년 4,221

기반시설물이란?

국민의 생활이나 도시 기능의 유지에 필요한 물리적 요소로 『국토의 계획 및 이용에 관한 법률』에 의해 정해진 시설을 말한다.
1. 도로 · 철도 · 항만 · 공항 · 주차장 등 교통시설
2. 광장 · 공원 · 녹지 등 공간시설
3. 유통업무설비, 수도 · 전기 · 가스공급설비, 방송 · 통신시설, 공동구 등 유통 · 공급시설
4. 학교 · 운동장 · 공공청사 · 문화시설 및 공공필요성이 인정되는 체육시설 등 공공 · 문화체육시설
5. 하천 · 유수지(遊水池) · 방화설비 등 방재시설
6. 화장시설 · 공동묘지 · 봉안시설 등 보건위생시설
7. 하수도 · 폐기물처리시설 등 환경기초시설

[출처 : 알기쉬운 도시계획 용어집, 2015. 서울특별시 도시계획국]

아빠, 그럼 우리나라에도 다양한 시설물들이 있잖아요. 그 중에서 노후화가 진행되는 건물들도 있고요. 앞으로 이런 시설물들은 어떻게 관리해야 할까요?

좋은 질문이구나. 그럼 대표적 주거 형태인 아파트와 같은 공동주택 시설물의 안전관리에 대해 알려 줄게.

우리나라는 1980년대 후반부터 1990년대 초반까지 아파트가 대량으로 지어지기 시작했는데, 그 시기에 지어진 아파트들이 현재 급속한 노후화를 겪고 있단다.

낮은 안전등급을 받은 공동주택의 경우 안전에 대한 위협은 물론이고 주위 경관이나 도시의 재생 측면을 고려하더라도 철저한 관리가 필요하지.

그럼 삼촌, 구체적으로 어떤 건물이 안전점검의 대상이 되는 건가요?

관계법령에 따라 대상이 조금씩 다른데, 이걸 보면 이해하기 쉬울 거야.

관계법령	안전관리 대상
공동주택관리령	20세대 이상 공동주택 (공동주택 관리 대상)
시설물의 안전관리에 관한 특별법	16층 이상 공동주택
재난관리법	사용검사 후 15년 이상 된 공동주택

법령에 따라서 관리 대상이 되는 주택의 기준이 조금씩 달라지네요.

삼촌! 안전관리 대상이 된 건축물은 어떤 부분들을 점검해야 하나요?

자, 구체적으로 어떤 사항들을 점검해야 하는지, 또 안전점검의 종류에는 어떤 것들이 있는지 함께 설명해 줄게.

안전점검 대상 (안전에 취약한 건물은 일부 중복되게 점검)	안전점검 종류
• 건축물 및 부대시설물 • 고압가스시설(도시 · 천연 · 액화석유가스 등) • 중앙집중식 난방시설 • 발전 및 변전시설 • 위험물 저장시설 • 소방시설 • 승강기 및 인양가 • 연탄가스 배출기(세대별 설치된 것은 제외) • 석축 · 옹벽 · 담장 · 맨홀 · 정화조 · 하수도 • 옥상 및 계단 등의 난간 • 우물 및 비상저수시설 펌프 • 어린이놀이터 · 노인정 등 기타 부대시설물	• 정기점검 : 일반적으로 행해지는 순찰과 유사한 성격의 육안 점검으로 6개월마다 1회 이상 실시 • 정밀점검 : 면밀한 육안검사와 간단한 측정기구에 의한 계획된 점검으로 3년마다 1회 이상 실시 • 초기정밀점검 : 준공 후 90일 이내에 정밀점검 수준의 점검 • 특별점검 : 태풍 등 재해의 우려가 있는 경우에 실시하는 점검으로 필요시 실시 • 정밀안전진단 : 정기점검 과정을 통해 쉽게 발견하기 어려운 결함 부위 및 정밀한 점검으로 필요시 실시

이 기준대로 안전점검이 제대로 진행되면 노후화에 확실히 대비할 수 있겠어요.

그렇지! 철사가 녹이 슬기 전에 미리미리 기름칠을 해야 하는 거야. 이미 녹이 슬기 시작하면 늦거든.

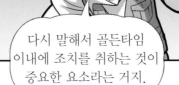

다시 말해서 골든타임 이내에 조치를 취하는 것이 중요한 요소라는 거지.

그럼 리모델링을 하면 튼튼했던 젊은이의 모습으로 되돌아 갈 수도 있겠네요.

After

Before

그렇지!

서울 상도동 3층 건물 붕괴

2013년 6월 25일 오전 10시경 서울특별시 동작구 상도동에 있는 여관 건물 일부가 한쪽으로 기울어져 붕괴됐다. 이 사고로 주변 교통이 긴급통제됐고 주민들이 긴급히 대피하는 일이 발생했다. 다행히 1, 2층 점포와 3층의 여관 모두 휴업 중이라 인명 피해는 없었다.

이 건물은 1967년에 지어진 것으로 신축한 지 50년 가까이 되면서 자연적인 노후화가 진행돼 붕괴된 것으로 드러났다. 이 건물은 사고가 나기 전 벽면에 금이 가고 타일 파편이 떨어지는 등의 붕괴 조짐을 보였다.

게다가 이 건물은 행인과 차량이 많이 지나다니는 도로변에 있어 자칫 대형 사고로 이어질 뻔했다.

사고 건물은 붕괴된 왼쪽 부분부터 철거를 시작해 전면 철거에 들어갔다. 서울 동작구청은 이 붕괴 사고를 계기로 50년 이상 된 노후 건물에 대한 안전점검과 검사를 시행했다.

50년 이상 된 노후 건물이 서울에만 3만 8,000여 채에 달했다. 노후화된 건물은 장마철에 특히 붕괴 위험성이 크다. 콘크리트가 부식되면서 생긴 균열 틈으로 비가 샐 수밖에 없기 때문이다.

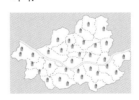

안전평가에서 최하등급인 E등급을 받은 위험한 건물에 여전히 사람들이 생활하고 있다. 심각한 상태의 재난 위험 시설은 서울에만 200곳이 넘는다. 자칫하면 대형 사고로 이어질 수 있어 주의가 필요하다.

/ 재난뉴스 기자

재난대처방법 노후화

건물 · 시설물 주요 점검사항 ❶

☐ 건물 · 시설물 바닥의 침하와 균열이 있는지 살펴본다.

☐ 건물 · 시설물 전체에 부동 침하가 발생했는지 살펴본다.

☐ 건물 · 시설물 외벽의 전도위험 발생 가능성이 있는지 살펴본다.

☐ 건물 · 시설물 외부 마감재가 탈락된 부분이 있는지 살펴본다.

건물 · 시설물 주요 점검사항 ❷

☐ 간판이나 안테나 등의 돌출물이 탈락했는지 살펴본다.

☐ 천장재의 갈라짐 및 탈락된 부분이 있는지 살펴본다.

☐ 건물 · 시설물의 주요 구조체에 균열이 발생했는지 살펴본다.

☐ 건물 · 시설물의 외부 마감재에 변형과 균열이 있는지 살펴본다.

건물 · 시설물 주요 점검사항 ❸

☐ 수직 피난통로인 계단에 안전난간이 견고한지 살펴본다.

☐ 건물 · 시설물의 전도 징후가 보이는지 살펴본다.

☐ 건물 · 시설물의 지붕 구조가 변위 · 변형 상태인지 살펴본다.

☐ 건물 · 시설물의 균열과 변형 발생이 있는지 살펴본다.

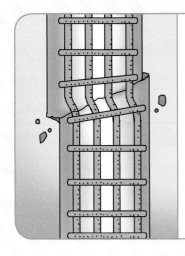

건물 · 시설물의 안전점검이 필요한 현상 ❶

☐ 건물 · 시설물의 노후화로 인해 구조적으로 골조에 균열 및 심각한 변형 현상이 발생한다면 건물의 안전에 이상이 생길 수 있을 뿐만 아니라 붕괴될 위험이 있다. 균열의 유해성 여부는 유형 및 위치 그리고 균열의 크기에 따라 결정된다. 유형별 위험 순위는 경사균열, 수직균열, 수평균열, 기타균열 순이다.

건물 · 시설물의 안전점검이 필요한 현상 ❷

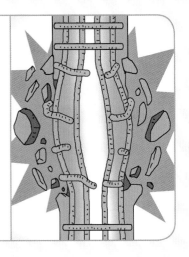

☐ 석축, 옹벽에 균열과 변형(배부름) 현상이 나타나면 붕괴될 위험이 높다. 이런 불안전한 상태의 징후로는 상부지반의 침하와 배수 및 배수구멍의 막힘 등의 현상이 있다.

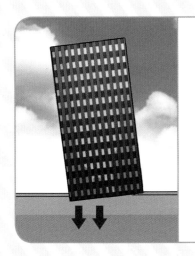

건물 · 시설물의 안전점검이 필요한 현상 ❸

☐ 건물 · 시설물의 부동 침하로 인해 부분적으로 주변 지반이 침하 · 붕괴돼 건물과 벽체가 기울고 벽에 경사 균열이 생긴다. 부동 침하가 심하면 건축물이 넘어지는 건 물론 붕괴될 수도 있다. 부동 침하는 창과 문이 뒤틀려 여닫기가 힘든 현상 등으로 그 징후를 파악할 수 있다.

재난지식 노트

노후화의 원인과 공동주택의 안전관리 요령을 기억해요!

노후화란?

시설물이나 설비 등이 부식 및 마모 또는 여러 가지 요인으로 인해서 제 기능을 하지 못하는 것을 말한다.

노후화의 원인 ☆ 꼭 기억하자!

(1) 자연적인 원인

천재지변과 기후 환경에 의해 노후화가 생기며, 요즘 들어 온도 변화와 햇빛, 습도, 물 등이 건물 노후화의 주원인으로 나타나고 있다.

(2) 인위적인 원인

건축 설계상의 오류와 설계도면과 다른 잘못된 시공 그리고 사용으로 인한 마모 등이 인위적 노후화의 원인이다.

공기 중 못

녹 물속의 못

철근의 부식

부식이란 금속 표면의 환경과 화학적으로 반응해 용해 및 부식이 되고 그 일부가 손상되는 현상을 말한다. 철제금속이 공기 중에 노출됐을 때는 녹이 거의 생기지 않지만 물속에 있을 때는 녹이 쉽게 발생한다. 공기 중에서는 화학적 에너지가 산화반응을 일으킬 수 있는 온도가 되지 못해서 부식이 생기지 않는 것이고 물속에 있는 경우에는 물에 의해서 전기화학적 에너지가 작용해 부식이 빨리 일어나기 때문이다.

콘크리트 중성화에 따른 철근 부식

콘크리트는 여러 가지 환경적 작용에 의해 중성화가 일어나고 콘크리트 피복을 서서히 침투해 철근에 도달하게 된다. 그러면 철근 표면을 감싸고 있던 부동태 피막이 파괴돼 철근 표면이 부식되기 시작하고 콘크리트 피복이 탈락하게 되며 내구성이 떨어지게 된다.

(1) 철근 부식을 유발하는 요인

❶ 표면부 염소이온 농도

❷ 햇빛, 물, 산소

❸ 콘크리트 투과성

❹ 미약전류

❺ 불균일한 화학적 농도

(2) 철근 부식 방지 대책

❶ 양질의 콘크리트

❷ 철근 표면 코팅

❸ 콘크리트의 높은 알칼리성

> 철근 부식 단계를 알아봅시다!

1단계	물, 산소, 이산화탄소 ↓↓↓↓↓↓ 콘크리트 ●●● 철근	강도와 콘크리트 재질 변화 없음. (미세한 건조수축에 의한 균열)
2단계	물, 산소, 이산화탄소 ↓↓↓↓↓↓ ●●●	철근에 녹이 발생해 콘크리트 내부에 팽창압이 생겨 균열 발생.
3단계	물, 산소, 이산화탄소 ↓↓↓↓↓ ●●●	철근 윗면이 팽창해 콘크리트 표면까지 균열이 연장되고 동결융해 등으로 인해 콘트리트 파괴를 촉진시킴.
4단계	물, 산소, 이산화탄소 ↓↓↓↓↓ ●●●	윗면 철근 피복이 탈락하고 철근이 환경에 노출되기 시작함.
5단계	물, 산소, 이산화탄소 ↓↓↓↓↓ ●●●	철근 피복이 탈락해 햇빛과 물, 산소, 이산화탄소 등에 직접적으로 노출돼 내구성이 떨어짐.

공동주택 안전조치 요령과 사후관리

(1) 안전점검 결과 시설물 상태 판정 등급

안전점검 결과 각 부재로부터 발견된 결함을 근거로 해서 5단계로 상태 등급을 매긴다.

부호	상태
A급	문제점이 없는 상태 ⇨ 안전시설
B급	경미한 손상이 있는 보통의 상태 ⇨ 간단한 보수정비 요망
C급	보수 부재에 손상이 있는 보통의 상태 ⇨ 조속한 보수 · 보강
D급	주요 부재에 진전된 노후화 또는 구조적 결함이 있는 상태 ⇨ 긴급한 보수 · 보강 및 사용제한 여부 판단
E급	노후화 · 단면 손실로 안전성에 위험이 있는 상태 ⇨ 사용금지 · 철거

(2) 공동주택 안전조치 요령

❶ 건축물의 안전 · 유지관리를 위해 안전점검 관련 서류 보존.

❷ 건축물의 체계적인 안전 · 유지관리 계획 수립.

❸ 증 · 개축, 구조 변경, 용도 변경을 할 경우 반드시 전문가에 의한 구조 검토 후 그 결과에 따라 시행.

❹ 대상 시설별 안전관리 책임자를 지정하고, 점검자 실명제 실시 및 단지별 관리카드 비치.

❺ 안전점검, 보수 · 보강, 하자 사항 등은 문서로 기록 · 유지관리하고 필요하면 사진 촬영.

❻ 비상사태에 대비해 단지 내 관리기구와 유관 행정기관과의 비상연락 체계 구성 및 운영.

(3) 공동주택 사후 안전관리

공동주택을 안전하게 관리하는 방법을 꼭 기억합시다!

❶ 모든 안전점검 결과 및 하자 사항 서류 보존.

❷ 안전점검자는 실명으로 서명하고 필요하면 사진 촬영 등으로 기록 보존.

❸ 준공 도면 및 관계 서류는 건물 철거 시까지 보존.

❹ 보수 · 보강이 완료된 시설은 철저한 유지관리.

❺ 안전도가 취약해 재해 우려가 있는 경우 각 구청에 연락해 특별관리로 지정
   해 관리하고 유사시 안전사고에 대비.

❻ 단지별 점검 책임자 및 점검일지 지정, 관리카드 비치, 관리기구 및 행정기관
   간의 비상연락 체계 구성.

6 폭발

형님!
제가 좀 늦었죠?

응?

아니다. 근처에 있다고 해서 같이 경복궁을 둘러볼까 했는데 잘 왔구나.

삼촌, 안녕하세요!

오랜만에 뵙네요.

요즘 삼촌이 좀 바빴단다. 경치 좋은 곳에서 이렇게 보니까 더 반가운걸!

와~

저도요! 밤에 보는 경복궁이 이렇게 예쁜 줄 몰랐어요.

와~ 불꽃놀이다!

펑

펑

경복궁 담 너머에서
축제를 하나 봐요.

와! 알록달록한 색으로 불꽃이
터지는 게 정말 신기해요.

너무 가까운 곳에서
불꽃놀이를 하네…

녀석, 불꽃에 완전히
빠졌네. 그렇게 좋니?

오랜만에 경복궁에도
오고 불꽃놀이까지 보니
신나고 재밌는걸요!

으악! 깜짝이야!

어떡해! 정원에
불이 붙었어!

불이 순식간에 꺼졌어요!

후유, 다행이다.

헉! 저게 뭐야, 날아다니잖아!

휘이이잉

모두들 괜찮아요? 조금만 늦었어도 큰 불로 번질 뻔했어요.

타다닥

눈 깜짝할 사이에 화재가 진화되다니! 넌 대체 누구니?

쳑

전 경복궁을 지키는 '안전이'라고 해요. 궁 안에서 위험한 상황이 느껴져서 바로 달려왔죠.

헤 헤

네 덕분에 화재를 막았구나. 고맙다, 안전아.

와 락

안전아~ 고마워!

별 말씀을요. 위험한 상황이 생기기 전에 해결하는 게 제 일인걸요.

짠―

모두 다친 곳이
없어서 다행이구나.

담장 안으로 들어온 불꽃 때문에 불이
날 거라고는 생각지 못했어요.

불꽃놀이에 사용하는
폭죽은 화약을 이용하기 때문에
잘못 다루면 큰 폭발이나 화재로
이어질 수 있어.

그렇구나. 그런데
폭죽이 어떻게 저렇게
다양한 색깔을 내며
터질 수 있는 거예요?

화려한 불꽃놀이는
*흑색화약에서부터
시작하는데, 이 흑색화약은
*연소에 필요한 요소를
갖추고 있거든.

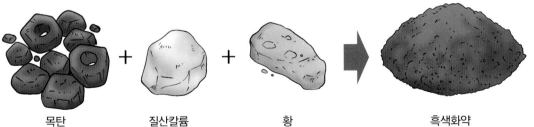

목탄   +   질산칼륨   +   황   ➡   흑색화약

*흑색화약 질산칼륨과 황, 목탄(숯)의 혼합으로 만들어진 것으로 화약류 중 가장 오래 전에 발명된 것.
*연소 물질이 공기 중의 산소와 급격하게 반응해 빛이나 열 또는 불꽃을 내는 현상.

삼촌, 궁금한 게 있어요!
화약은 불꽃놀이 같은
폭죽에만 사용되는 건가요?

화약은 언제부터
사용하기 시작한 거예요?

우리 조카들이
궁금한 게 많구나.

화약이 어떻게
생겨나고 사용되는지
알려 줄게.

하

하

화약의 발명

화약의 발상지나 발명 과정에 대해서는 이론이 있지만 중국에서 약을 연구하는 연단술사들에 의해 발명됐다고 보고 있다. 화약 제조에 필요한 3가지 요소는 염초, 유황, 숯이며 이 중 가장 중요한 것은 염초(焰硝)다. 염초는 산소를 많이 가지고 있으며 숯을 폭발적으로 탈 수 있게 산소를 공급해 주는 역할을 한다. 초기의 화약은 연소 성능에 의존하는 수준이었지만 점차 폭발성을 갖는 조성이 개발되면서 그 활용 방법을 폭죽이나 군사적 목적에 응용하기 시작했다.

군사적 목적이라면
화약이 무기로도
사용됐다는 거죠?

맞아. 너희들
고려시대 최무선
장군을 알고 있니?

최무선 장군은
제가 잘 알고 있어요!

휘리릭

깜짝이야!

앗! 놀래라!

최무선은 우리나라
최초로 화약을 만들고 화포를
제작해서 왜구를 물리친
고려시대 장군이야.

최무선 장군

안전이가 아주 잘 알고 있구나. 최무선 장군 이야기가 나왔으니 우리나라의 화약과 화약 무기의 역사에 대해 간단하게 설명해 줄게.

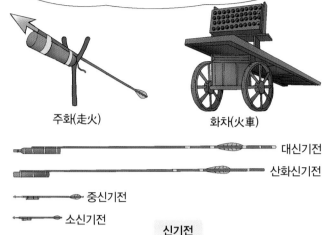

주화(走火)

화차(火車)

대신기전
산화신기전
중신기전
소신기전

신기전

우리나라의 화약 및 화약 무기 역사

- 1375년경 고려 최무선(1325~1395)에 의해 국내에서 처음으로 화약 제작.
- 1377년 화통도감 설치 후 총, 포, 폭탄, 로켓화기 등 18종의 화약 무기 제작.
- 1448년 조선 세종, 최무선이 만든 *주화(走火)를 개량한 *신기전(神機箭) 발명.
- 조선 문종, *화차(火車)를 독창적으로 개발.

  *주화(走火) 날아가는 화살.
  *신기전(神機箭) 로켓 추진 화살.
  *화차(火車) 발사대를 장착한 수레.

아주 잘 알고 계시는군요.

삼촌! 다행히 오늘은 큰 사고로 이어지지 않았지만, 폭죽뿐만 아니라 다양한 원인으로 큰 폭발 사고가 일어나는 경우도 있겠죠?

당연하지! 폭발은 우리 일상 속에서도 얼마든지 일어날 수 있단다.

옷을 세탁할 때 사용하는 세제나 밥을 짓는 압력밥솥도 잘못 관리하면 폭발의 위험이 있단다.

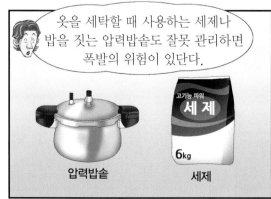

고기능 파워
세 제
6kg

압력밥솥

세제

허걱

네에~? 세제랑 밥솥이 폭발할 수 있다고요? 둘 다 집에서 자주 사용하는 거잖아요.

잘 관리하면 되니 너무 겁먹진
마렴. 너희들 혹시 세제 뒷면에
'밀폐용기에 담아 사용하지 말라.'는
문구를 본 적 있니?

아니요.

못 본 것 같아요.

밀폐 용기 보관

용지에 물 섞어 사용

고기능 파워 세 제

분무기에 담아 사용

6kg

알루미늄, 금속 용기 사용

알루미늄이나 금속 용기에
보관하면 안 되는 생활 용품들이
있는데 세제가 그 중 하나란다.

알루미늄 캔은 반응성이 큰 금속
으로 쉽게 부식되는 성질을 가진
다. 여기에 강알칼리성 물질, 즉
세제를 보관하게 되면 알루미늄
이 녹게 되고, 이 과정에서 수소
기체가 발생한다. 수소기체 발생
으로 내부 압력이 높아지면서 폭
발에 이르게 된다.

이건 나도 미처 몰랐던
사실이야. 오늘 집에 가면 세제가
제대로 보관되어 있는지 바로
확인해 봐야겠구나.

아하!

삼촌, 그럼 밥솥은 왜
폭발하는 거예요?

그건 말이지,
압력밥솥을 제대로
관리하지 못해서
그런 거란다.

압력밥솥 위에 달려 있
는 증기 배출구를 제대
로 세척하지 않으면 압
력이 높아지면서 폭발
이 일어날 수 있다.

무심코 사용하는 생활용품에도 폭발의 위험이 있다니 앞으로는 주의사항을 꼼꼼하게 살펴보고 잘 관리해야겠어요.

삼촌! 생활용품을 잘못 사용하는 것 말고 또 어떤 경우에 폭발이 일어나는 거예요?

폭발은 다양한 원인으로 발생하고 그 형태나 물질에 따라 다르게 분류된단다.

폭발의 원인을 설명하기 전에 폭발이 뭔지부터 알려줘야겠구나.

폭발은 급격한 화학 반응이나 기계적 팽창으로 인해 압력이 상승했다가 해방되며 에너지를 방출하게 되는 현상을 말해.

폭발이 일어날 때는 빛과 폭음이 발생하고 순간적으로 반응이 완료되지.

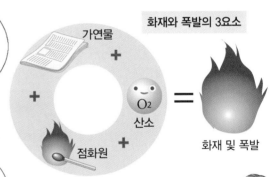

화재와 폭발의 3요소

가연물 + 산소 O2 + 점화원 = 화재 및 폭발

화재와 폭발이 일어나려면 가연물, 산소, 점화원 이렇게 3가지가 충족되어야 한단다.

아, 그럼 이 세 가지 요소만 있으면 무조건 폭발이 일어나는 건가요?

그렇진 않아. 폭발을 일으키는 3가지 요소가 있다고 해도 공기 중에 가연성 가스가 일정 범위 이내로 함유되어 있어야 연소가 가능해. 이를 '연소범위' 또는 '폭발범위'라고 하지.

연소범위 or 폭발범위

무슨 말인지 잘 이해가 안 돼요, 삼촌.

폭발범위는 공기와 가연성 가스의 혼합물 중 가연성 가스의 부피(용량%)로 표시되는데, 폭발할 수 있는 가장 높은 농도를 상한, 최저 농도를 하한이라고 해.

→ 폭발 상한계

→ 폭발 하한계

자, 이 표를 보렴.

가연성 가스의 폭발범위

가스명	연소범위(용량%)		가스명	폭발범위(용량%)	
	하한	상한		하한	상한
프로판	2.1	9.5	메탄	5	15
부탄	1.8	8.4	일산화탄소	12.5	74
수소	4	75	황화수소	4.3	45
아세틸렌	25	81	시안화수소	6	41
암모니아	15	28	산화에틸렌	3.0	80

수소 폭발범위

폭발 하한(4 %)　　폭발 상한(75 %)

아하! 그럼 수소의 경우는 공기 중 농도가 4 % 이하이거나 75 % 이상이면 폭발하지 않겠네요!

이야~ 하나를 알려 주면 열을 아는구나. 대단한걸!

헤

헤

그동안 삼촌한테 열심히 배웠던 것들이 이제야 빛을 발하는 거죠!

척

자, 폭발에 대해 배웠으니 이제 폭발이 어떤 경우에 발생하는지 본격적으로 알아볼까?

폭발은 다양한 이유로 발생할 수 있어.

폭발의 원인

• 가스기기 점검 시 배관 누설로 인해 밀폐된 공간에 대량의 가스가 누설되고 점화된 경우
• 폭발성 물질이 있는 곳에 점화가 될 경우
• 안전 불감증으로 안전수칙을 준수하지 않은 경우
• 중요 기기의 정기적 안전점검을 준수하지 않은 경우
• 위험 작업에 대한 관리감독 및 안전의식이 미흡한 경우
• 안전작업 허가 절차를 준수하지 않은 경우
• 반응물의 열분해 온도 및 반응 메커니즘을 파악하지 않은 경우
• 위험성 평가를 실시하지 않은 경우
• 밀폐 공간 출입 허가 절차를 준수하지 않은 경우
• 산소 및 유해가스 농도를 측정하지 않은 경우

삼촌 말씀을 듣고 보니 폭발은 언제 어디서 생길지 모르니 항상 조심해야겠다는 생각이 들어요.

원인에 따라 대응 방법이 달라지겠지만, 가연성 물질에 대해 철저히 관리하고, 산소농도를 MOC(최소산소농도) 이하로 유지하며, 점화원을 제거하는 등 세 가지만 지켜도 폭발을 예방하는 데 큰 도움이 된단다.

가연성 물질 관리

산소농도 MOC 이하 유지

점화원 제거

삼촌! 저도 궁금한 게 있어요.

그래, 뭐든 물어보렴.

폭발은 어떤 종류로 나누어지나요?

마침 좋은 질문을 해 줬구나. 폭발은 폭발 형태와 폭발 물질에 따라 다르게 분류된단다.

폭발 형태에 따라 분류했을 때는 물리적 폭발과 화학적 폭발로 나눌 수 있어.

물리적 폭발 　　　　　 화학적 폭발

물리적 폭발은 기체나 액체의 팽창이나 상변화 등의 물리 현상이 압력 발생의 원인이 되어 발생하는 폭발이다.

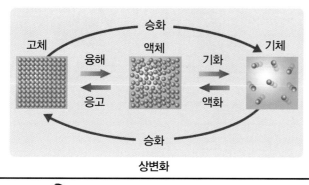

상변화

화학적 폭발은 화학 반응에 의해서 발생하는 폭발로 산화폭발, 분해폭발, 중합폭발과 같이 물질의 분해나 연소 등의 화학 반응으로 압력이 상승해서 발생하는 폭발이다.

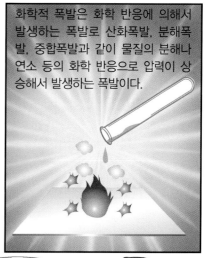

산화폭발? 분해폭발? 이게 무슨 말이에요, 삼촌?

자, 삼촌이 물리적 폭발과 화학적 폭발을 보기 쉽게 정리해 줄게.

구분	특징	예시
물리적 폭발	기체나 액체의 팽창, 상변화 등의 물리현상이 압력 발생의 원인이 됨.	• 신냉용기의 압괴 • 과열액체의 급격한 비등에 의한 증기 폭발 • 용기과압, 과충전에 의한 용기 파열 • 수증기 폭발 등
화학적 폭발	산화폭발 : 가연성물질과 공기(산소)와의 혼합에 의한 산화 반응	가연성가스, 증기, 미스트와 공기와의 혼합, 밀폐 공간 내부에 가연성 가스 체류 시 등
	분해폭발 : 자기분해성 물질의 분해열	산화에틸렌, 아세틸렌의 분해 반응, 디아조 화합물의 분해열 등
	중합폭발 : 발열 반응 시 온도 조절 실패로 인한 압력 상승	촉매 이상으로 인한 이상 반응, 냉각설비 고장으로 인한 온도 조절 실패 등

폭발물질의 분류

구분	특징	예시
가스폭발	• 메탄, 수소, 아세틸렌 등의 가연성 가스 • 가솔린, 알코올 등 인화성 액체의 증기	• 공기와의 혼합 상태에서 점화원으로 인한 산화반응 • 용기 등 밀폐 공간에서는 분해, 중합반응
증기폭발	• 고압 포화약, 액체의 급속가열, 극저온 액화가스의 수면 유출 등	• 물리적 폭발로 급속한 기화현상에 의한 체적 팽창 • 보일러 등 고압포화수의 급속한 방출 • 물 등에 고온의 용융금속 등이 대량 유입
미스트폭발	• 윤활유, 기계유 등 가연성 액체	• 가연성 액체가 안개 상태로 공기 중에 누출되어 가스 – 공기와의 부유 상태 혼합물을 형성해 폭발
고체폭발	• 화약류, 유기 과산화물, 유기 발포제 등	• 위험 물질 자체에 갖고 있는 산소와 산화반응으로 폭발
분진폭발	• 금속분, 농산물, 석탄, 유황, 합성수지 및 섬유 등 가연성 분진	• 공기 중 부유분진이 폭발 하한계 이상의 농도로 유지될 때 점화원에 의해 폭발

화산폭발 같은 자연폭발도 있지만, 요즘엔 인위적 폭발이 대부분이란다.

전 여태껏 폭발은 화산폭발처럼 자연적으로만 발생하는 줄 알았는데 그게 아니었군요.

산업혁명 이후 생활 속에서 다양한 에너지원을 사용하게 됐고, 에너지를 좁은 공간에 저장해야 하는 상황이 생기면서 폭발 사고가 빈번하게 발생하게 된 거지.

자연적 폭발

인위적 폭발

그러고 보니 얼마 전 중국 텐진에서 큰 폭발 사고가 있었지?

형님도 그 사고를 기억하고 계시군요.

2015년 8월 중국 텐진항에서 발생한 폭발이었죠. 1차 폭발이 일어나고 얼마 안 돼 2차 폭발이 발생하면서 큰 피해를 입었죠.

폭발 구덩이 넓이
약 70m

폭발 구덩이 높이
약 6~7m

중국 텐진항 폭발 사고

2015년 8월 12일 오후 11시 30분 중국 텐진항에서 컨테이너에 든 화학물질이 폭발하면서 화재가 발생했다. 폭발은 30초 간격으로 2차례에 거쳐 일어났다. TNT화약으로 환산하면 1차는 3톤, 2차는 21톤에 해당하는 규모로 축구장 절반 크기보다 큰 구덩이가 생길 정도였다. 이 폭발로 304채의 건축물과 1만 2,428대의 판매용 차량이 훼손됐고, 7,533개의 컨테이너 박스가 파손 되는 등 11억 달러의 직접적인 재산 피해가 발생했다. 뿐만 아니라 사망 165명, 실종 8명, 부상 798명의 인명 피해가 발생했다.

세상에! 어마어마한 폭발 사고였네요. 대체 어쩌다가 이런 큰 사고가 일어난 걸까요?

톈진항 폭발 사고의 원인을 밝히는 데는 꽤 오랜 시간이 걸렸어.

사고 발생 6개월 후 중국의 특별조사팀은 사고의 원인을 화학 창고 안에 보관되어 있던 소총탄에 쓰는 나이트로셀룰로스가 *가수분해 등의 화학 작용으로 열을 내면서 폭발한 것이라고 공식적으로 발표했다.

나이트로셀룰로스

*가수분해 화학 반응 시, 물과 반응해 원래 하나였던 큰 분자가 몇 개의 이온이나 분자로 분해되는 반응.

삼촌 말씀을 들어보니 폭발을 일으키는 화학물질에 대한 관리가 잘 이루어져야 할 것 같다는 생각이 들어요.

맞아. 톈진항 사건 이후로 중국은 재발 방지를 위한 사전관리 방안을 모색하고 안전 규정을 강화하는 조치를 취했어.

사고 이후 중국의 대응
• 위험 화학품 및 폭발 위험물에 대한 중점 관리.
• 위험 화학품 보관시설의 안전 조건, 안전시설설비 및 소방설비, 준공검수 심사 강화.
• 현장 안전관리감독 검사 강화.

많은 피해가 있었던 만큼 철저한 검사와 관리를 통해 두 번 다시 같은 사고가 발생하지 않았으면 좋겠어요.

'사고를 통해 안전을 배우지 말라.'는 영국 속담에서도 알 수 있듯이 평소 일상생활에서도 폭발을 예방하는 방법들에 대해 알아둘 필요가 있겠지?

어! 안전아, 손등에 상처가 있어.

아까 급하게 불을 끄다가 다쳤나 봐.

괜찮니?

스윽

아, 정신없이 불을 끄다보니 상처가 난 줄도 몰랐어요.

헤헤

심하진 않으니 너무 걱정하지 마세요.

큰 상처가 아니라서 다행이구나. 이런 사고가 발생하면 시설물 피해는 물론이고 크고 작은 인명 피해가 발생해서 너무 안타까워.

형님 말씀이 맞아요. 폭발 사고의 경우 시설물이 훼손되고 화재로 인한 연기 때문에 구조활동에 더욱 애를 먹게 되죠. 우리나라에서 발생한 이천 코리아 냉동창고 폭발 사고가 그런 경우에 해당돼요.

이천 냉동창고 폭발 사고

2008년 1월 7일 오전 10시 49분 경기도 이천에 위치한 (주)코리아 2000의 냉동 물류창고에서 화재가 발생했다. 이 사고는 지하층 안쪽에 있는 기계실에서 유증기가 폭발하면서 발생했다. 불은 삽시간에 퍼졌고 건물 지하에서 발포 작업 중이던 우레탄에 섞여 있던 시너와 냉매가스가 터지면서 건물 전체로 퍼졌다.

우레탄 + 불 = 유독가스

위험물질이 보관돼 있는 밀폐공간인 냉동창고와 같은 곳은 소방안전점검을 비롯해서 직원들에게 철저한 안전교육을 실시해야 한단다.

안전교육

우레탄이 타면 시안가스가 나오는데 이 가스는 독일 나치 시절 유대인 학살에 사용된 독가스 중 하나야. 폭발로 인한 화재로 유독가스가 발생했고, 이 때문에 구조작업이 원활하게 이루어지는 게 힘들었던 거지.

삼촌! 앞으로 이런 대형 폭발 사고가 일어나지 않게 하려면 어떻게 해야 할까요?

우선 폭발에 영향을 주는 변수들을 잘 파악해서 사고를 미연에 방지하는 노력이 필요하지.

폭발 거동에 영향을 주는 변수
• 주위의 온도와 압력
• 폭발성 물질의 조성과 물리적 성질
• 착화원(형태, 에너지, 지속시간)의 성질
• 가연성 물질의 양과 유동 상태
• 가연성 물질이 방출되는 속도

또 하나, 폭발을 제어하는 기본적인 개념도 잘 숙지하고 있어야 해.

• **위험한 환경 제어(불활성화)**
  – 인화성 혼합물을 비가연성으로 만들 수 있는 환경으로 전환.
  – 불활성 기체를 투입해 인화성 혼합물 형성 방지.
  – 산소농도 MOC(최소산소농도) 이하로 낮추기.
    (대부분 인화성가스의 MOC는 10 %, 분진은 8 %, 이상 사태를 고려해 불활성화에 필요한 산소농도는 MOC보다 4 % 이상 낮게 유지.)

• **발화원 제거**
  – 정전기는 반드시 제거.

• **방폭기기화**
  – 불꽃이나 폭발에 견디거나 폭발을 발생시키지 않는 전기장치 설치.

오늘도 삼촌 덕에 많은 걸 배운 것 같다. 그렇지?

네, 삼촌 덕분에 불꽃놀이에 사용되는 폭죽의 위험성도 알게 됐어요.

어떤 상황에서 폭발의 위험이 생길 수 있는지 알았으니 앞으로 더욱 잘 대처할 수 있을 거야.

휙~

어! 저기 보세요. 마지막 불꽃이에요.

파 앙

참! 안전아, 궁 안의 위험한 상황도 해결했으니 이제 다시 돌아가야겠구나.

잘못 다루면 위험할 수도 있지만 하늘 위에서 터지는 불꽃은 참 아름답네요.

첵

저… 사실은 어떻게 해야 원래 모습으로 돌아가는지 방법을 모르겠어요.

재난뉴스

이리역 폭발

1977년 11월 11일 오후 9시 15분, 이리역(현 익산역)에서 열차 폭발이 일어났다. 인천을 떠나 광주로 가던 한국화약 화물열차인 제1605열차는 다이너마이트와 전기뇌관 등 고성능 폭발물 40톤을 싣고 이리역에서 출발대기를 하던 중이었다.

사고는 한국화약 직원인 화약 호송원 신모 씨가 켜놓은 촛불이 화약 상자에 옮겨 붙으면서 발생한 것이었다.

사고 당시 이리역에

는 지름 30 m, 깊이 10 m의 거대한 웅덩이가 파였고 폭발로 인한 파편이 이리 시청 앞까지 날아갔다.

철도 피해 규모 역시 만만치 않았다. 기관차 5량, 동차 4량, 화차 74량, 객차 21량, 기중기 1량이 붕괴됐고 이리역을 지나는 호남선과 전라선이 각각 130 m, 240 m 붕괴됐다.

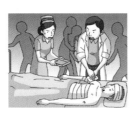

당시 광주 국군통합병원 군의관으로 근무하

던 윤장현(2017년 현 광주광역시장) 씨는 사고 소식을 접한 후 상황을 직감하고 당직사령의 명령에 불복종하며 간호부사관 20명을 모아 장비를 챙겨 현장으로 달려갔다. 그는 남성고 강당에 진료반을 차려 밤을 새워 부상자들을 치료했고 빠른 판단과 대응으로 많은 사람들의 생명을 구했다.

하지만 큰 폭발사고로 인해 안타깝게도 사망자 59명, 부상자 1,343명의 인명 피해가 발생

했다. 그리고 역 주변 반경 500 m 이내의 건물 9,500여 채가 파괴됐고 만여 명에 가까운 이재민이 발생했다.

이 사고는 화약류나 위험물을 실은 열차를 바로 통과시키지 않은 것과 규칙을 무시하고 촛불을 켜면서 안전수칙을 지키지 않은 허술한 안전의식이 불러온 끔찍한 참사였다.

/ 재난뉴스 기자

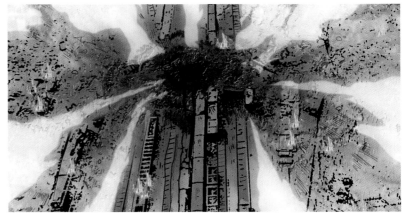

재난대처방법 폭발

폭발사고 예방 및 대응 방법 ❶ [출처 : 국민재난안전포털]

☐ 가스가 누출됐을 때는 신속히 환기하고, 화기 및 전기스위치 사용을 금지한다.

☐ 밀폐 공간에는 먼지가 많이 발생하므로 집진설비를 설치하고 화기 사용을 자제한다.

☐ 과열되기 쉬운 가전제품과 보일러 등의 무리한 사용을 금하고, 항상 안전밸브 등을 확인·점검한다.

☐ 노트북과 휴대전화 등의 축전지는 고온의 장소에서 사용하거나 장시간 사용을 자제하고, 금속 물질과 함께 보관하거나 무리한 압력과 충격을 주지 말아야 한다.

☐ 가스레인지와 같은 주방기기를 사용할 때는 음식물을 적당히 담아 사용한다.

☐ 여름철에는 자동차 내부 온도가 높으므로 가스라이터 등 폭발성 위험 물질을 두고 내리지 않는다.

폭발사고 예방 및 대응 방법 ❷ [출처 : 국민재난안전포털]

☐ 2차 폭발이 발생할 수 있으므로 신속하게 밖으로 대피한다.

☐ 폭발음으로 인해 청각에 장애가 발생 할 수 있으므로 귀를 막고 대피한다.

☐ 신속하게 멀리 떨어진 장소와 차폐 벽이 있는 안전한 장소로 대피한다.

☐ 가스나 연기에 의해 질식힐 위험이 있으므로 파편이나 낙하물에 주의하면서 바람이 불어오는 방향으로 대피한다.

☐ 추가 폭발이 생길 수 있으니 전기와 화기 등을 사용하지 않는다.

☐ 가스 중간밸브를 잠그고 창문을 열어 자연 환기를 시킨다.

☐ 압력밥솥에 압력이 모두 빠져나갔는지 확인한 후 연다.

☐ 강화유리로 된 냄비뚜껑은 심한 열 충격을 받으면 작은 조각으로 파괴되므로 사용 전후 뚜껑에 흠이 있는지 확인한다.

☐ 헤어스프레이, 휴대용 부탄가스 등과 같은 폭발성 용기는 구멍을 뚫어 잔류가스를 배출한 후 버린다.

재난지식 노트

폭발 사고를 예방할 수 있는 방법을 기억해요!

물질의 반응과 폭발

하나의 물질이 다른 물질과 결합하면서 완전히 새로운 물질이 생기는 현상을 화학반응이라고 한다. 화학반응에는 빠른 반응과 느린 반응이 있는데 철이 녹슬거나 대리석 조각이 산성비에 부식되거나 음식물이 산소와 반응하는 소화 현상은 느린 반응이다. 반면 연료를 태우면 산소와 반응해 물과 이산화탄소, 열을 만들어내는 연소 과정은 빠른 반응이며 불꽃놀이나 화약 폭발이 그 중 하나다.

노벨과 다이너마이트

노벨은 액체 상태의 니트로글리세린을 안전하게 다루고 필요할 때 폭발시킬 수 있는 방법을 연구했다. 그러던 중 니트로글리세린을 규조토에 흡수시키면 비교적 안전하면서도 폭발력은 그대로 유지된다는 사실을 발견했다. 이를 이용해 다이너마이트를 발명하고 1867년에 특허를 얻었다.

노벨은 힘을 뜻하는 그리스어 '다이나미스'에서 이름을 따서 이 혼합물을 '다이너마이트'라고 이름 지었다. 다이너마이트는 원래 광산의 큰 바위를 부수기 위한 목적으로 개발했지만 위험성과 폭발력이 악용되면서 전쟁 무기로 사용됐다.

가스 폭발 위험 장소의 분류

가스 폭발 위험 장소는 3가지로 분류할 수 있죠!

❶ 0종 장소 : 인화성액체의 증기 또는 가연성가스에 의한 폭발 위험이 지속적으로 또는 장시간 존재하는 장소.
예) 용기, 장치, 배관 등의 내부

❷ 1종 장소 : 정상 작동 상태에서 폭발 위험 분위기가 존재하기 쉬운 장소.
예) 맨홀, 벤트, 피트 등의 주위

❸ 2종 장소 : 정상 작동 상태에서 폭발 위험 분위기가 존재할 우려가 없으나, 존재할 경우 그 빈도가 적고 단기간만 존재할 수 있는 장소.
예) 가스켓, 패킹 등의 주위

여름철 자동차 폭발 사고 위험

여름철 자동차를 야외에 주차해 놓을 경우, 직사광선에 엔진이 과열돼 화재가 발생하거나 자동차 실내 온도 증가로 폭발 사고가 발생할 가능성이 커진다. 무엇보다 온도에 약한 일회용 라이터는 자동차 실내의 온도가 올라가면 폭발할 수 있으니 주의해야 한다.

높아진 자동차 내의 온도는 자동차 커버(body cover)로 덮어 주기만 해도 어느 정도 낮출 수 있다. 커버가 없는 경우에는 신문지를 덮어도 좋다. 이렇게 직접적으로 내리쬐는 햇볕을 막아 주기만 해도 자동차의 실내온도를 10 ℃ 이상 낮출 수 있다.

여름철 자동차 폭발 사고 예방법 ☆ 꼭 기억하자!

① 여름철에는 가급적 실내 주차장을 이용한다.
② 야외 주차 시 자동차의 창문을 열어둔다.
③ 차 내부에 폭발 위험이 있는 물건(가스용품, 전자기기 등)을 치운다.
④ 계기판을 통해 냉각수 온도를 체크하고 관리한다.

휴대용 부탄가스 폭발 사고 예방법 ☆ 꼭 기억하자!

① 정식 허가를 받은 부탄가스를 사용한다.
② 알루미늄 호일의 사용을 금지한다.
③ 불판을 사용할 경우 면적이 넓은 불판은 사용하지 않는다.
④ 가스가 새지 않도록 가스레인지와 부탄가스 캔의 홈을 잘 맞춰 사용한다.
⑤ 가스 불꽃이 파란색이면 정상이고, 빨간색일 경우에는 휴대용 가스레인지를 청소한다.
⑥ 가스 누출 시 즉시 환기한다.
⑦ 반드시 안전캡을 씌워 분리 보관한다.
⑧ 부탄가스를 비롯한 폭발성 용기는 반드시 구멍을 뚫어 잔류가스를 배출한 후 폐기한다.
⑨ 부탄가스 용기를 땅에 직각에 가깝게 세워 노즐을 눌러 잔류가스를 배출한다.

알류미늄 호일 사용 금지   과다불판 사용 금지

부탄가스 사용 시 주의하세요!

무슨 일이야?

아침부터 왜 이리 시끄러워?

헉, 방이 이게 뭐야?

혹시 도둑이 든 건가?

아니에요. 책이 재미있는 데다 내가 살고 있을 때랑 세상이 많이 변해서 책을 읽으면서 배우고 있었어요.

이 많을 책을 하룻밤 사이에 다 본 거야?

응!

에이, 안전이가 유머도 많이 늘었네.

정말이야. 난 이렇게 빨리 볼 수 있는 능력이 있거든.

안전아!

왜, 왜 그래?

그 능력 나한테 조금만 주면 안 될까?

어휴, 내가 그럴 줄 알았다.

와, 안전이가 이 많은 책을 다 읽은 거야?

정말 대단한걸!

뭘요!

어!

이 정도면 웬만한 사람보다 지식이 더 많겠는데?

이게 스마트폰이구나!

와~ 정말 대단하다. 스마트폰도 알아?

그럼! 책을 읽으면서 가장 신기했던 부분이었거든. 스마트폰에서 인터넷에 접속하면 많은 정보를 볼 수도, 보낼 수도 있잖아.

IT 기술

그뿐만 아니란다.

IT 전문가인 내가 더 설명해 주지! 인터넷 통신은 말이야, 시간과 공간의 제약 없이 항상 열려 있고 사람들 사이의 관계도 형성해 준단다. 그리고 사람들에 대한 반응을 바로 알 수 있어 맞춤 정보를 줄 수 있다는 큰 장점을 가지고 있지.

제가 살던 시대의 통신은 여러 가지 도구를 사용하거나 사람이 직접 전달하는 방식이었는데 많이 변했네요.

근대 이전의 통신수단

[출처 : 우정박물관]

솟대(立木)

새를 상징하는 조각목으로 인간과 하늘과의 통신을 위한 안테나 역할을 했다.

용고(龍鼓)

북은 악기의 용도뿐만 아니라 통신의 수단으로 중요한 역할을 했다. 용고는 특히 전시 상황에 '앞으로 돌진'을 의미할 때 많이 사용했다.

봉수(烽燧)

가장 과학적이고 체계적인 통신수단으로 낮에는 연기, 밤에는 불꽃을 피워 원거리까지 신속하게 정보를 전달했다.

파발(擺撥)

군사 정보 전달이나 행정의 공문서 전달을 수행하기 위해 활용됐다. 경비가 많이 들고 봉수보다 느리지만, 보안 유지가 쉬운 통신이었다.

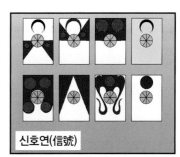
신호연(信號)

전투 신호를 위한 암호 전달에 중요한 수단으로 활용됐다. 충무공 이순신 장군이 직접 고안해 낸 방법이기도 해서 충무연으로 불리기도 한다.

자, 근대 이후에는 통신 수단이 어떻게 바뀌었는지도 설명해 줄게.

나도 근대 이후에는 어떻게 변했는지 궁금했어.

우리나라의 근대 통신은 1884년 홍영식에 의해 *한성의 우정총국과 인천의 우정분국 간의 우편업무를 개시하면서 시작됐다.

*한성 지금의 서울.

외국의 근대 통신

외국의 근대 통신은 1840년 영국의 롤런드 힐(Rowland Hill)에 의해 우표가 사용되고 1845년 새뮤얼 모스(S.F.B Morse)에 의해 전보가 실용화되면서 발전하기 시작했다. 1876년 그레이엄 벨(A.Graham Bell)이 전화를 발명하면서 통신이 대중화되는 기틀을 마련했다.

세계 최초의 우표

세계 최초의 우표 창시자 롤런드 힐 (1795~1879)

근대 이후에는 우편에서 시작해서 전화까지 통신 수단이 확대됐구나.

그래, 맞아. 그리고 우편과 전화는 지금도 활용되는 통신 수단이기도 하지.

어! 갑자기 핸드폰이 왜 이러지?

응?

왜 그러니?

새로운 게임이 있어서 어플을 받았는데, 스마트폰이 갑자기 이상해졌어요.

걱정하지 마. IT 전문가가 여기 있잖아!

아빠가 금방 고쳐 줄게!

아빠, 아직 멀었어요?

이상하다. 왜 안 되지?

으악! 스마트폰이 엄청나게 강한 악성코드에 감염됐나 봐!

네? 뭐라고요?

근데 악성코드가 뭐지?

어서 일어나 봐!

으윽

으악! 여기가 어디야?

두리번 두리번

옷도 바뀌었어!

놀라지 마! 악성코드를 잡기 위해 스마트폰 안으로 들어온 거야.

여러 사이트 화면이 보이는 걸로 봐서 프로그램 안이구나!

내 스마트폰을 살리기 위해서라면 이 정도 위험은 감수할 수 있어.

게임에서 모은 아이템 때문에 그런 거잖아.

안전아, 우리 그 악성코드를 빨리 찾으러 가자!

응!

슈우우욱

인터넷이 전 세계로 연결되어 있다니 너무 신기해요.

각 통신망들이 보유하고 있는 정보를 세계 여러 사람들에게 제공하기 때문에 인터넷을 지구촌 통신망이라고 하는 거야.

생활 속 각종 사물에 센서와 통신 기능을 내장해 인터넷을 기반으로 서로 데이터를 공유하고 처리해 자동으로 구동시키는 기술 및 서비스를 말한다.

사물인터넷(Internet of Things, IoT)

와, 인터넷으로 이렇게 많은 일을 할 수 있다니!

조만간 인터넷으로 못하는 게 없겠는걸요?

지하철이나 시골에서도 인터넷을 사용할 수 있다는 게 대단한 것 같아요.

슈우우욱

책에서 보니 그건 통신망 구축이 잘 돼 있어서 그런 거래.

통신망?

응, 통신망은 통신을 목적으로 연결된 통신설비의 집합으로 전자신호를 사용하는 모든 기기가 서로 통신할 수 있도록 만든 하나의 망을 뜻해. 규모에 따라 광역, 도시권, 근거리 통신망으로 분류할 수 있지.

통신망의 분류

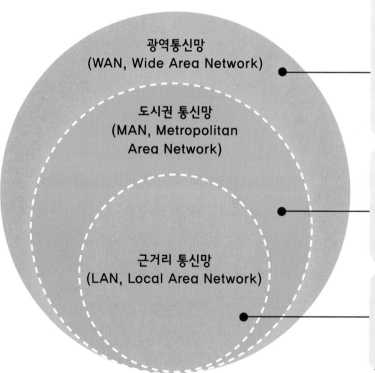

광역통신망
(WAN, Wide Area Network)

도시권 통신망
(MAN, Metropolitan
Area Network)

근거리 통신망
(LAN, Local Area Network)

통신망 중에서 가장 상위에 있는 망으로 우리가 사용하는 인터넷. 인터넷 회사 등의 인터넷 공급자가 깔아둔 망을 의미한다. 최상위에 있는 네트워크끼리 직접 연결되는 경우도 광역통신망에 해당되는데 기업의 인트라넷이 대표적이다. 전화선 역시 WAN이라고 할 수 있다.

광역통신망 바로 아래 단계에 있는 망으로, 처음 통신망이 생겼을 때는 없었던 개념이다. 그러나 휴대폰의 보급으로 도시마다 기지국을 건설해 네트워크를 구축해야 했고, 이렇게 해서 생긴 기지국을 가리켜 MAN이라고 하게 되었다.

정확한 범위는 없지만 하나의 사무실 또는 주택 내의 네트워크를 의미한다. 전체적인 통신망에서 가장 하위에 속하는 통신망으로 통신망의 대부분을 차지하고 있다.

통신망은 이처럼 목적에 따라 더 세분화될 수 있지만 전체적으로 WAN, MAN, LAN 이렇게 세 가지 정도로 분류하면 돼.

WAN
MAN
LAN

그렇구나!

근데 인터넷으로 전 세계 사람과 정보를 교환할 수 있는 건 좋지만 반대로 전 세계 사람이 범죄의 대상이 될 수도 있을 것 같아요.

슈우욱

그래, 아주 중요한 부분을 짚어 줬구나. 현대사회에서 인터넷 사용이 점차 확산되면서 가상공간에서의 범죄가 자주 발생하고 있단다.

아! 해킹과 같은 사이버테러를 말씀하시는 거죠?

우리 안전이 대단한걸!

그래, 맞아! 요즘은 해킹과 같은 사이버테러가 심각한 문제가 되고 있어.

사이버테러

인터넷이라는 가상공간에서 공공기관이나 단체 또는 개인 등을 대상으로 컴퓨터나 핸드폰 등 전자기기의 정보를 해킹하거나 악성프로그램을 고의적으로 깔아놓는 등의 행위를 말한다. 정보통신망이나 컴퓨터 시스템을 무력화시키는 이러한 형태의 행위를 사이버테러라고 한다.

해킹

악성코드

바이러스

PC

가상공간에서도 테러가 일어날 수 있다니…. 아빠, 그럼 어떤 이유로 사이버테러가 발생하는 걸까요?

특정 집단의 정치적 또는 경제적 이익 획득, 공공기관이나 일반시민들을 상대로 한 위협, 해킹해 얻은 정보를 범죄에 악용하는 등의 이유로 발생하고 있단다.

그럼 악성 코드도 사이버테러의 한 종류겠네요.

그래, 맞아! 사이버테러의 한 유형으로 사용자 시스템에 침투해 정보를 유출하거나 정상적인 동작을 지연 또는 방해하는 프로그램이라고 책에 나와 있었어.

악성코드의 종류에는 바이러스, 웜, 트로이목마 등이 있단다.

악성코드의 종류

바이러스 : 정상적인 프로그램의 코드를 바꾸거나 변형시켜 다른 컴퓨터로 전염시킨다.

웜 : 악성코드가 스스로 복제되고 번식하면서 급속히 전파된다.

트로이목마 : 사용자가 알 수 없도록 컴퓨터 내에 몰래 설치된 프로그램으로 컴퓨터의 정보를 외부로 유출한다.

그럼 사이버테러는 악성코드 말고는 없는 건가요?

아니지. 이것 말고도 랜섬웨어와 디도스도 있단다.

랜섬웨어 : 몸값(Ransom)과 소프트웨어(Software)의 합성어. 사용자의 컴퓨터를 감염시킨 후 컴퓨터에 저장된 중요한 파일이나 문서 등을 암호화시켜서 이를 인질로 삼아 돈을 요구하는 수법.

디도스(DDoS) : 적게는 수십 대에서 많게는 수백만 대의 컴퓨터를 원격으로 조종해 웹사이트에 동시 접속시킴으로써 짧은 시간 안에 사이트의 과부하를 일으키는 행위.

북한의 최근 사이버 공격 사례 [출처 : 한국인터넷진흥원]

	피해 기관명	피해 유형	피해 규모
2011년 3월 4일	• 정부, 공공기관 24개 사이트 • 금융기관 9개 사이트 • 인터넷 포털, 쇼핑몰 7개 사이트	DDOS	국내 40개 사이트 접속 장애 및 하드디스크 파괴
2011년 4월 12일	농협	해킹	농협의 전산 시스템 273대 파괴로 인해 전산 장애 발생
2012년 6월 9일	중앙일보	해킹	서버 데이터 삭제, 유출
2013년 3월 20일	KBS, MBC, YTN, 신한은행, 농협, 제주은행	해킹	방송사 및 은행의 4만 8000여 대 서버와 PC, ATM기기 장애 발생
2013년 6월 25일	정부기관, 언론·방송사 등 69개 기관 및 업체	해킹, DDOS	신문과 방송사 등 155대 서버 파괴, 정부기관과 기업에 접속 장애 발생

그럼 앞으로 사이버테러가 더 기승을 부릴 텐데 뭔가 대책이 필요하지 않을까요?

맞아! 어떻게 공격해 올지 모르는 사이버전에 대비하는 게 아주 중요하지. 그러기 위해서는 말이지!

사이버테러 대비 방법
• 정부 차원의 대응방안 체계 및 개선 필요
• 다양한 예방 및 대응 시나리오 강구
• 사이버테러에 대비한 기술력과 인력 보강
• 사이버테러와 관련한 구체적인 법제도 강화
• 국제적인 협력체계 구축

사이버범죄의 특성상 일단 발생하면 그 피해가 순식간에 퍼질 수 있으니 장기적인 관점에서 철저하게 대비책을 만들어야겠어요.

서재에 있는 책을 다 읽었다더니 역시 많은 내용을 빠르게 이해하고 있구나.

인터넷의 발달은 인간이 살아가면서 편리와 서비스를 제공하지만, 개인의 정보가 노출된다는 게 가장 문제인 것 같아요. 카드나 인터넷 결제, SNS 등 인터넷을 사용하면 할수록 기록이 남게 되고 정보화되니 말이에요.

카드 사용내역서

인터넷 결제 내역

SNS

만약 나에 대한 기록이 유출되고 감시를 받거나 위치까지 추적된다면 너무 끔찍할 것 같아요.

척 —

그리고 보니 미국에서 독일 총리를 도청한 사건이 있었지.

그게 정말이에요?

얘들아, 괜찮아?

너무 어지러워서 토할 것 같아.

그런데 여긴 어디지?

글쎄, 어디로 빨려 들어오긴 했는데, 잘 모르겠어.

저길 봐! 폴더 모양이 엄청나게 많아.

자세히 보니 사용한 기록들이 보관되어 있네.

학교 수업시간 빼고는 잘 때까지 스마트폰을 쓴 기록들이잖아!

08:33~09:00	GAME
15:12~15:54	GAME
16:09~16:58	GAME
17:05~18:23	GAME
18:13~22:13	GAME

모르셨어요? 하루 종일 스마트폰 게임만 한다고요.

하루 종일 하는 건 아니잖아. 그래도 1시간 하고 10분은 쉰다고.

에휴, 그것도 자랑이냐?

요즘에는 인터넷 중독보다 스마트폰 중독이 더 무섭다고 하던데. 이 정도로 빠져 있었다니!

이 녀석, 안 되겠어! 앞으로 스마트폰 금지!

아빠, 너무해요!

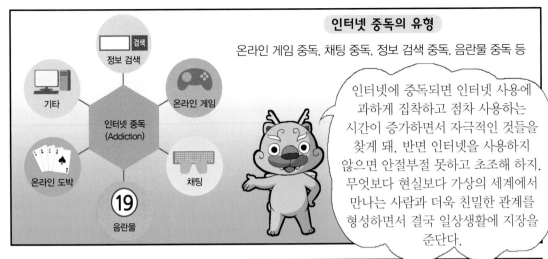

인터넷 중독의 유형

온라인 게임 중독, 채팅 중독, 정보 검색 중독, 음란물 중독 등

인터넷에 중독되면 인터넷 사용에 과하게 집착하고 점차 사용하는 시간이 증가하면서 자극적인 것들을 찾게 돼. 반면 인터넷을 사용하지 않으면 안절부절 못하고 초조해 하지. 무엇보다 현실보다 가상의 세계에서 만나는 사람과 더욱 친밀한 관계를 형성하면서 결국 일상생활에 지장을 준단다.

스마트폰 중독의 유형

모바일 메신저 및 SNS 중독, 앱 중독, 모바일 게임 중독, 모바일 성인 콘텐츠 중독 등

스마트폰 중독은 스마트폰을 오래 사용해도 만족하지 못하거나 스마트폰이 없으면 불안하고 초조한 금단 현상이 생기는 거야. 가상세계를 지향하면서 일상생활에서 문제가 생길 수 있어.

얼마 전 지하철을 탔을 때도 승객들 대부분이 스마트폰만 보고 있어서 조금 삭막하다는 생각이 들었어요.

그러게 말이야. 다들 고개를 숙이고 스마트폰으로 정보 검색이나 게임에 몰두하는 걸 보면 안타까운 생각이 들더구나.

그래서 말인데요. 저도 이제 지하철에서는 스마트폰 보다 책을 읽으려고 해요.

좋아, 그럼 아빠도 동참하지!

엥?

으악! 저, 저게 뭐야!

악성코드

악성코드

악성코.

악성코.

저게 바로 스마트폰 고장의 원인인 악성코드인 것 같아!

어서 피해!

으악!

으악, 어떡해. 내 몸에 묻었어!

으악! 내 몸이 점점 굳고 있어!

안전아, 어떻게 좀 해봐!

알았어!

재난뉴스

농협 전산망 마비 사태

농협 전산망

2011년 4월 12일 농협 전산망에 있는 자료가 대규모로 손상됐다. 이 사고로 최장 18일에 걸쳐 농협 전산망 전체 또는 일부 서비스 이용이 불가능해졌다.

농협은 사건 초기 협력업체에 의한 사고일 가능성을 제기했지만 이후 내부 전문가가 가담한 사이버 테러의 가능성이 높다고 발표했다.

이 사건을 조사한 검찰은 서버 유지보수 업무를 맡은 외주 업체 직원이 업무에 사용하는 노트북에 웹하드 사이트의 무료 쿠폰으로 영화를 다운로드 받다가 악성 코드에 감염됐다고 발표했다.

범인들은 해당 노트북을 손쉽게 드나들며 추가로 악성 프로그램을 심었고, 7개월 간 농협 최고위 관리자의 비밀번호를 비롯해 전산망 관리를 위한 각종 정보들을 빼냈다.

이후 해커들은 좀비 컴퓨터가 된 노트북에 공격명령 파일을 설치하고 사건 당일 오후 4시 50분경 인터넷을 이용한 원격제어로 공격 명령 프로그램을 실행했다.

공격을 받은 전산망 서버들이 좀비 컴퓨터로 변하면서 다른 서버들을 연이어 공격했고, 30분 만에 농협 전산망을 관리하는 서버 절반이 파괴됐다.

농협 자사의 경우 직원들 컴퓨터에 보안을 위한 백신 등이 설치돼 있었지만 내부 정보가 외부로 유출되는 것을 막는

시스템에는 취약했다.

농협 전산망 마비 사태는 허술한 보안 시스템과 보안 지침이 제대로 지켜지지 않는 등의 문제가 원인으로 지목됐다. 더 나아가 우리나라 정보보안 분야 전반에 대한 문제들도 지적됐다.

/ 재난뉴스 기자

재난대처방법 통신

스마트폰 해킹 사고 예방

☐ 스마트폰의 문자메시지 URL 연결 설정 해제
– 스마트폰의 설정 기능을 통해 문자메시지 URL을 연결 또는 해제할 수 있다. URL을 포함한 의심되는 문자메시지가 왔을 때 URL 연결을 원천적으로 막으려면 이 설정을 해제한다.

☐ 출처가 불분명한 소스, 앱 등이 설치되지 않도록 설정
– '알 수 없는 소스' 설치를 허용하지 않는다. 이 기능을 설정해 두면 스파이 앱의 자동 설치를 차단하기 때문에 안전해진다.

☐ 스마트폰의 데이터나 배터리가 빨리 소모될 때 설치된 앱 확인
– 스마트폰을 사용하지도 않았는데 갑자기 데이터나 배터리가 빨리 소모되는지 확인한다. 이 경우 특정 앱이 백그라운드에서 실행되고 있을 가능성이 높다.

악성코드 피해 사고 예방

☐ 보낸 사람이 불분명한 이메일은 삭제하는 것이 바람직하다.

☐ 백신 프로그램을 설치하고 바이러스 자동 검색 및 프로그램 자동 업데이트 기능을 설정한다.

☐ 백신은 악성코드가 발생한 후 이를 분석해서 프로그램을 업데이트하기 때문에 신종바이러스가 발생할 경우 최신 버전이 아니면 효력이 없다.

☐ 데이터 백업을 생활화해 비상시 데이터 손실을 최소화한다.

PC 해킹 사고 예방

☐ 지정한 아이디와 패스워드로 로그인이 계속 되지 않을 경우, 패스워드 찾기를 통해 패스워드를 변경한 후 로그인한다.

☐ 변경된 패스워드로 사이트 접속 후, 계정에 설정된 모든 사항을 검사하고 같은 아이디와 패스워드를 사용하고 있는 다른 사이트 계정도 반드시 확인한다.

인터넷 중독 예방 – 부모

- ☐ 자녀의 학습을 돕는 방향으로 인터넷을 사용하도록 격려한다.
- ☐ 일방적 통제가 아닌 자녀와의 협의 후 인터넷 사용 시간 등을 결정한다.
- ☐ 자녀의 인터넷 사용 환경을 체크해 보고 개선 사항은 없는지 확인한다.
- ☐ 자녀의 인터넷 사용에 대한 관심과 함께 그 외의 흥미나 관심사에 적극 참여한다.
- ☐ 과도한 인터넷 사용으로 자녀의 학습이나 가족들과의 관계에 지장이 생길 경우 전문 상담기관에 도움을 요청한다.

인터넷 중독 예방 – 자녀

- ☐ 특별한 목적 없이 인터넷을 사용하는 시간을 줄이고 컴퓨터 사용 시간은 가족들과 협의해 결정한다.
- ☐ 인터넷 중독이 의심되는 경우, 컴퓨터 사용 시간 및 내용 등을 기록하는 일지를 작성한다.
- ☐ 운동이나 영화 관람 등 취미활동 시간을 갖는다.
- ☐ 식사 시간이나 취침 시간에 인터넷 사용을 자제한다.
- ☐ 스스로 조절이 어려울 경우, 시간 관리 소프트웨어를 설치해 인터넷 사용 시간을 관리한다.

스마트폰 중독 예방

- ☐ 운전 중이거나 보행 중에 스마트폰 사용은 금지한다.
- ☐ 스마트폰 사용 습관을 정기적으로 점검한다.
- ☐ 스마트폰 앱은 꼭 필요한 것만 다운로드 받아서 사용한다.
- ☐ 업무 또는 공부 등 다른 일을 하고 있는 경우, 스마트폰을 곁에 두지 않는다.
- ☐ 스마트폰 중독이 의심되는 경우 중독 여부를 테스트 받는다.

※ 스마트쉼센터 : 온라인 진단 시스템 (https://www.iapc.or.kr)

재난지식 노트

인터넷 중독의
단계별 증상을 기억해요!

인터넷과 우리나라 인터넷의 역사

(1) 인터넷이란?

인터넷(Internet)은 지구상에서 가장 큰 네트워크로 통신 프로토콜을 이용해 정보를 주고받는 전 세계의 컴퓨터를 연결해 놓은 지구촌 통신망이다. 인터넷이란 용어는 모든 컴퓨터를 하나의 통신망 안에 연결(Inter Network)한다는 뜻으로 이를 줄여 인터넷(Internet)이라고 명명한 데서 그 어원을 두고 있다. 1973년 TCP/IP를 정립한 빈튼 서프와 밥 칸이 이 용어를 처음으로 사용했다.

(2) 우리나라 인터넷의 역사

❶ 1982년 서울대학교와 구미의 전자기술연구소 간 SDN(System Development Network) 구축.

❷ 1986년 7월 처음으로 IP주소 할당. 같은 해 9월 한국데이터통신(1991년에 '데이콤'으로 사명 변경)에서 비디오텍스트를 기반으로 한 PC통신 서비스 '천리안' 시작.

❸ 1994년 한국통신(현재 KT)에서 일반인을 대상으로 한 www(world wide web) 기반의 인터넷 접속 및 계정 서비스를 본격적으로 제공.

인터넷 중독의 단계별 증상 ☆ 꼭 기억하자!

(1) 초기 : 인터넷에 몰입하는 시기

❶ 근무 시간이나 수업 시간에 조는 경우가 많고 가끔 멍하니 앉아 있다.

❷ 아침에 일어나는 것이 힘들고 지각할 때가 있다.

(2) 중기 : 일상생활에 부적응이 발생하는 시기

❶ 지각이나 조퇴, 결근(또는 결석)을 하는 일이 잦아진다.

❷ 업무나 학업에 대한 능률이 떨어지면서 주변 사람들에게 거짓말을 하거나 속이는 일이 생긴다.

(3) 후기 : 금단 및 내성이 생기고 일상생활 장애 등의 증상이 심각해지는 시기

❶ 인터넷을 사용하는 것이 제어가 안 되고 충동적인 성향을 보인다.

❷ 가족 또는 주변 지인들과 떨어져 고립된 생활을 할 가능성이 크다.

스마트폰을 과도하게 사용하면?

(1) 스마트폰 블루라이트

자기 전 스마트폰을 사용하는 사람들이 많다. 그러나 잠들기 전 스마트폰을 사용하게 되면 수면장애가 생길 수 있다. 이는 스마트폰 불빛인 블루라이트가 수면 유도 호르몬(멜라토닌) 분비를 억제하기 때문이다. 쉽게 말해 사람의 뇌에 밝은 태양 빛을 들이대는 것이라고 생각하면 된다.

(2) 디지털 격리 증후군

스마트폰으로 가상공간에서 대화하는 것은 편하지만 사람을 직접 만나는 것에 불편함과 어색함을 느끼는 상태다. 스마트폰을 통한 SNS의 사용량이 증가하면서 사람을 만나기보다는 가상의 공간에서 소통하는 횟수가 증가하면서 이런 현상이 더욱 두드러지게 나타난다.

(3) 팝콘 브레인

빠르고 강한 자극적인 정보에 익숙하고 이에 반응하는 것을 말한다. 터지는 팝콘처럼 강한 자극이 있는 게임이나 동영상을 자주 보게 되면 현실에 무감각해지고 주의력도 크게 떨어진다.

(4) 스트레스증후군

SNS를 사용하면서 피로감이나 부담감을 느끼는 현상이다. 이 증후군의 원인에는 누군지 모르거나 별로 친하지 않은 사람들의 친구 요청을 받아들이고 그들이 남기는 글에 매번 반응을 보여야 하는 경우, 알고 싶지 않은 정보들까지 알게 되는 경우, 타인의 생활이나 일상과 나를 비교하는 경우, 과장된 친분관계에 대한 회의감을 느끼는 경우 등이 있다.

EMP(Electromagnetic Pulse, 전자기파)란?

정식 명칭은 '고전력 극초단파(HPM, High Power Microwave)탄'으로 강력한 전자기파를 쏴서 특정 지역의 전자장비를 망가뜨리는 첨단 무기다.

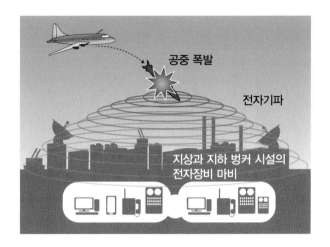

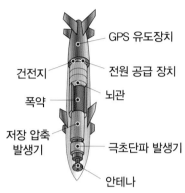

EMP의 원리

EMP탄은 태양폭풍이나 낙뢰와 같이 자연적으로 발생되는 전자기파의 폭발 원리와 같다. 태양폭풍의 경우 열, 전자, 양성자와 같은 고에너지의 입자를 우주 공간으로 방출하는데, 이때 고에너지 입자가 지구 자기권과 충돌하면서 지구에 있는 통신장비에 치명적인 장애를 일으키는 것이다. 실제로 2003년의 경우 태양 활동이 활발했는데, 이 시기에 정전, 무선통신 중단, 인공위성 교신 중단 등이 발생해 큰 혼란을 빚었다.

EMP의 발견

1958년 미국은 태평양 상공에서 수소폭탄 실험을 한다. 이때 태평양에서 500 ㎞ 떨어진 하와이의 가로등이 모두 꺼지는 현상이 발생하면서 우연히 발견됐다.

EMP의 위력

1962년 7월 미국은 핵실험을 하기 위해 태평양 존스턴섬 400 ㎞ 상공에서 수백kt(1kt=TNT폭약 1,000 t) 위력의 핵무기를 공중폭발 시켰다. 이 실험은 전기 및 전자장비에 영향을 주었고, 당시 1,445 ㎞나 떨어져 있던 하와이 호놀룰루에서는 교통신호등 오작동, 라디오 방송 중단, 전력회로 차단, 통신망 두절 등 이상 현상이 발생했다.

환경오염

쓰레기

○○산 등산길

헉
헉

이렇게 맑은 공기를 마시면서 산에 오르니 기분이 정말 상쾌하구나.

저도요.

주말에 늦잠도 못 자고 아침부터 이게 무슨 고생이야.

후들

후들

아우, 힘들어!

엄살은! 꾀부리지 말고 얼른 따라와.

쑥

힘들면 내가 업어 줄까?

아, 아냐, 괜찮아!

절레

질

질

질

절레

무슨 일이야?

타다닥

안전아, 괜찮아?

계곡에 쓰레기들이 떠내려가고 있는데 어떻게 된 거죠?

아…, 비가 오면서 등산객들이 산에 버리고 간 쓰레기가 계곡물에 떠내려 왔나 보다.

그런 것 같구나. 우리가 지켜야 할 자연을 우리 손으로 오염시키고 있으니 부끄럽고 안타까운 일이야.

환경오염은 동식물을 죽이고 생태계를 파괴하니 이런 상황이 심해지면 인간의 삶에도 많은 영향을 주게 되잖아요. 이런 사실을 알고는 있겠지만 환경 문제 해결을 위한 실천 의지는 부족한 것 같아요.

안전아, 환경오염의 종류에는 어떤 게 있니?

환경오염은 크게 세 가지로 나뉘지!

환경오염의 종류

토양오염	• 폐수, 하수, 폐기물 등과 같은 오염 물질이나 농약 등이 토양에 스며들어 오염. • 인간에게 직접적 피해는 없지만 오염된 토양에서 자란 식물을 인간이 섭취하게 되면서 영향을 받게 됨.
대기오염	• 석탄 등과 같은 화석연료의 사용으로 인한 유해가스의 배출로 오염. • 런던 스모그 사건(1952년)의 경우 1만 2,000여 명이 만성 폐질환과 호흡 장애로 사망함.
수질오염	• 생활하수, 공장폐수, 식품폐수 등 각종 소비생활과 산업활동을 통해 발생하는 부산물이 액체 형태로 배출되면서 오염. • 공장폐수의 경우 강, 바다, 토양, 지하수 등으로 흘러들게 되면 농업과 어업에 피해를 주는 것은 물론 공해병까지 유발시킬 수 있음.

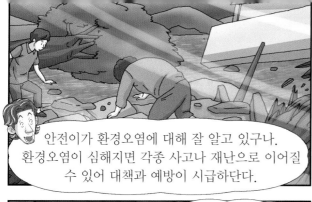

안전이가 환경오염에 대해 잘 알고 있구나. 환경오염이 심해지면 각종 사고나 재난으로 이어질 수 있어 대책과 예방이 시급하단다.

물론이지! 환경오염에 대한 대책을 세우기 위해서는 먼저 환경오염의 원인부터 제대로 알고 있어야겠지?

우리 함께 알아볼까?

네!

아빠, 환경오염은 그 종류에 따라서 오염되는 원인도 다르잖아요.

그럼 대책과 예방도 환경오염의 종류에 따라서 달라지겠네요?

먼저 토양오염은 유기물에 의해 발생하는데 유기성 폐기물이 있는 매립장이나 축사의 분뇨야적장 부근에서 주로 발생한단다. 이 외에도 토양을 오염시키는 원인에는 여러 가지가 있어.

토양오염의 원인

썩지 않는 비닐	토양 내의 수분 이동과 작물의 뿌리 뻗음 방해 ⇨ 성장에 장애
중금속	산업활동을 통해 배출 ⇨ 이동이 적고 토양에 잔류 ⇨ 심각한 토양오염
농약, 비료	오랫동안 토양에 잔류 ⇨ 독성 작용

다음으로 대기오염인데, 우리가 잘 알고 있는 자동차의 배기가스, 난방연료의 연소 등을 통해 배출되는 각종 물질이 대기를 오염시키고 있지.

대기오염 물질의 발생 원인	일산화탄소 : 난방연료, 자동차 배기가스
	아황산가스 : 유황 섞인 기름, 주택과 공장에서 사용하는 석탄 등
	탄화수소 & 질소산화물 : 자동차 배기가스

아빠! 영국에서 있었던 런던 스모그 사고도 대기오염으로 인해 많은 인명 피해가 발생한 사건이었죠?

그래, 런던 스모그 사고는 대기오염이 불러온 끔찍한 재난이었지.

으윽, 이렇게 오염된 공기를 우리가 매일 마시고 있다니!

런던 스모그

1952년 12월 영국 런던에서 이산화황에 의한 스모그가 발생한 사건이다. 당시 영국 런던은 석탄의 연소로 인한 연기가 정제되지 않고 대기 중에 그대로 배출되었다. 이 연기는 대기로 확산되지 못하고 지면에 정체하게 되었고 이는 짙은 안개와 합쳐져 ※스모그를 형성하게 되었다. 연기 속에 포함된 이산화황은 황산안개로 변했고 이런 현상은 일주일간 지속되었다.

이 사건이 발생하고 첫 3주 동안 시민 4천여 명이 호흡 장애와 질식으로 사망했어. 그 후에는 만성 폐질환으로 8천여 명이 사망하면서 총 1만 2천여 명이 생명을 잃었지.

짧은 시간에 그렇게 많은 사람이 목숨을 잃었다니 너무 끔찍하고 안타까워요.

이 사건으로 엄청난 사망자가 나왔고, 전 연령층에서 심폐성 질환이 발생했어.

이 사건으로 영국은 1956년 대기오염 청정법을 제정하고 가정 난방 연료를 점진적으로 석탄에서 천연가스로 대체하기 시작했단다.

가정 난방 연료

천연가스

삼촌, 런던 스모그 사건 같은 대기오염뿐 아니라 수질오염도 인간의 삶을 위험하게 할 수 있지 않아요?

일단 물이 없으면 인간은 살 수가 없잖아요.

*스모그(smog) 대기오염 현상 중 하나. 연기를 뜻하는 스모크(smoke)와 안개를 뜻하는 포그(fog)가 결합된 말로 하늘이 뿌옇게 보이는 현상을 가리키는 말로 쓰인다.

맞아. 수질오염 역시 물속에 서식하는 동식물뿐만 아니라 인간에게도 영향을 미치지.

수질오염은 분해성 유기물질로 인해 발생해. 유기물질은 탄소를 비롯해 여러 가지 원료로 구성된 물질을 말하지. 이 유기물질이 물에 들어가면 미생물에 의해 분해가 되면서 물속의 산소를 소모시켜 메탄이나 황화수소와 같은 유해가스를 방출시킨단다.

박사님, 보통 가정에서 버려지는 음식물 쓰레기나 가축의 분뇨, 축사에서 흘러나오는 폐수와 같은 것들이 분해성 유기물질이죠?

맞아. 서재에 있는 책을 다 봤다더니 역시 안전이가 제대로 알고 있구나!

수질을 오염시키는 원인으로는 분해성 유기물질 말고도 합성세제나 중금속, 석유 등도 있어.

수질오염의 발생 원인

합성세제	• 물에 녹으면 미생물에 의한 분해가 어려움. • 물 위에 생성되는 거품은 산소와 햇빛 차단 ⇨ 정상적인 플랑크톤의 번식 방해.
중금속	• 공장폐수, 산업폐기물, 쓰레기매립장 등에서 발생 ⇨ 하천으로 흘러듦 ⇨ 동식물 체내에 농축 ⇨ 인간의 몸에 섭취
석유	물보다 낮은 비중 때문에 유막 형성 ⇨ 빛 투과율 감소, 물속 산소 농도 감소 ⇨ 어패류 생명에 지장

박사님, 저기 저렇게 버려진 쓰레기들도 제대로 처리되지 않으면 유해물질이 토양과 물로 흘러들어 환경을 오염시키겠군요.

플라스틱류　캔류　비

그렇지. 올라오다 보니 곳곳에 쓰레기들이 보이는 게 신경 쓰였는데, 내려가는 길에 다 같이 쓰레기를 치우자꾸나.

네, 삼촌! 삼촌 말을 듣고 나니 그동안 우리가 환경 문제에 너무 무관심했다는 생각이 들어요.

저도 지금부터 환경보호를 위해서 작은 것부터 실천해야겠어요.

산에 있는 쓰레기도 제가 전부 다 치워버려야겠어요!

하하, 우리 조카 의지가 대단한걸!

자, 그럼 충분히 쉰 것 같으니 이제 다시 산에 올라볼까?

산에 오르고 싶은 의지는 없는데….

으이구! 하여튼 끈기가 없다니까!

아빠, 얼마 전에 뉴스에서 온실효과나 오존층 파괴에 대한 내용을 봤는데 결국 이런 현상들도 환경오염에서 비롯된 거겠죠?

그렇단다. 환경오염으로 인해 세계적으로 온실효과, 오존층 파괴, 엘니뇨, 산성비 등 수많은 문제들이 발생하고 있어.

아, 박사님! 얼마 전에 박사님 서재에서 온실효과에 대해 읽은 기억이 나요.

온실효과는 기후변화에도 영향을 준다고 했던 것 같아요.

맞아. 온실효과나 지구온난화와 같은 환경 문제는 기후변화에도 큰 영향을 미친단다.

삼촌, 온실효과나 지구온난화는 지구가 더워지는 거 아닌가요?

그래, 맞아! 온실가스는 지구에 들어오는 태양에너지는 통과시키지만, 지구로부터 나가려는 적외선 복사에너지는 흡수하기 때문에 지구가 더워지게 된단다.

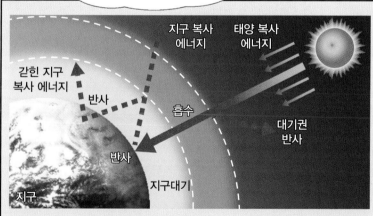

온실효과

태양의 열이 지구로 들어왔다가 다시 나가지 못하고 순환되는 현상으로 지구대기의 1 %를 구성하는 이산화탄소, 메탄, 프레온가스, 이산화질소 등의 온실가스가 지구를 덮는 담요 역할을 한다.

사실 온실가스는 지구 표면의 온도를 일정하게 유지시켜 쾌적한 환경을 만들어 주는 역할을 하지만, 이런 온실가스가 증가하면 온실효과를 배가시켜서 지구온난화 현상을 초래하는 거지.

아하, 그래서 온실효과나 지구온난화 같은 환경 문제들이 기후 변화의 원인이 되는 거군요.

어! 삼촌, 그럼 이번 여름이 엄청나게 더웠던 것도 기후 변화의 영향이겠군요?

예전에 비해서 4계절의 구분이 점점 모호해지는 것도 같은 이유인 거고요.

그렇지. 기후변화는 건강, 재난과 재해, 농어업, 생태계 등 다양한 영역에 악영향을 주게 돼.

아주 잘 알고 있구나. 환경 문제로 인한 기후 변화의 영향을 우리는 매일 겪고 있는 거야.

기후변화의 영향

재난, 재해	호우, 가뭄, 산불 등 이상 기상 현상으로 인한 피해 급증.
농업, 산림	온도 상승으로 인한 작물 품질 및 생산성 저하. 고온, 가뭄 등으로 인한 수목의 스트레스와 병해충 증가.
수산업, 물관리	기후변화로 인한 아열대 수산 생물 출현. 수온 상승 및 유량, 강우 유출량 변화로 수질 및 수생태계 직간접적인 영향.
생태계	생태계 먹이사슬 파괴, 외래종 침투 가속화로 고유 생태계 질서 혼란.

참, 이상 기상 현상 중 하나인 엘니뇨에 대해서도 말해줘야겠구나.

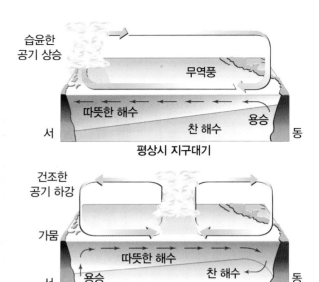

평상시 지구대기

습윤한 공기 상승 / 무역풍 / 따뜻한 해수 / 찬 해수 / 용승 / 서 / 동

엘니뇨 때

건조한 공기 하강 / 가뭄 / 따뜻한 해수 / 찬 해수 / 용승 / 서 / 동

엘니뇨 현상

적도태평양의 해수 온도가 비정상적으로 따뜻한 현상으로 세계의 기상 변화에 심각한 영향을 미치는 변화를 말한다. 엘니뇨 현상으로 해류가 따뜻해지면 바닷물의 증발량이 증가하고 이로 인해 태평양 동부 쪽은 강수량이 증가하게 된다. 엘니뇨는 발생하는 지역에 따라 대규모의 홍수를 비롯해 다량의 비를 동반한 온난한 겨울, 비정상적인 강설, 고온건조한 기후 등 다양한 기상 문제를 발생시킨다.

이처럼 엘니뇨로 인해 비상식적인 홍수나 가뭄, 이상한파, 이상고온 현상과 같은 기상이변이 세계 곳곳에서 발생하고 있단다.

특히 1982년과 1983년 발생한 엘니뇨는 인도네시아와 아프리카, 호주에서 가뭄을, 남미 서해안과 미국 캘리포니아에서는 대홍수를, 미국 동해안에서는 혹서와 대설 등을 발생시켰어.

엘니뇨가 세계 기후에 미치는 영향

적도 / 고온 / 고온 / 다습 / 다습 / 고온건조 / 건조 / 고온다습 / 다온다습 / 건조 / 고온 / 다습 / 고온건조

세상에! 엘니뇨 현상으로 생기는 기상이변이 정말 많았네요. 갑작스러운 기상이변으로 인한 피해도 크겠죠?

물론이지. 1982년과 1983년에 발생한 엘니뇨로 식량 생산이 급격하게 감소했고 전 세계적으로 2만 명 이상의 인명 피해와 6조원 이상의 재산 피해가 발생했단다.

환경오염으로 자연과 생태계가 훼손되면 그 피해가 엄청 크게 돌아오는군요.

어!

삼촌, 저기 등산길에도 쓰레기가 쌓여 있어요.

위이잉

산에서 취식을 하고 쓰레기를 그냥 두고 간 모양이야.

컵라면 용기에 플라스틱까지…. 이런 건 땅속에서 분해도 안 되는 거잖아요.

특히 플라스틱이나 컵라면에 사용되는 용기는 환경호르몬을 발생시키는 물질 중 하나라서 더 위험할 수 있어.

환경호르몬

생물체 내에서 정상적으로 생성되거나 분비되는 것이 아니라 유기용제, 플라스틱 등과 같은 인공 화합물에서 발생하는 화학물질 중 체내에 흡수되어 호르몬과 유사한 작용을 하는 물질.

환경이랑 호르몬? 이름만 들었을 때 나빠 보이는 물질은 아닌 것 같은데….

그렇게 느낄 수도 있겠구나. 하지만 환경호르몬은 비정상적인 화학물질이 생체 발육과 성장, 각종 기능에 영향을 미치기 때문에 갈수록 심각한 문제가 되고 있단다.

환경호르몬

아, 체내 환경을 혼란시키는 가짜 호르몬이라고 생각하면 되겠네요.

그래, 그렇게 생각하면 쉽게 이해할 수 있을 거야.

삼촌, 그럼 여기 버려진 쓰레기들도 환경호르몬으로 변해서 우리 몸속으로 들어올 수 있겠군요?

공장의 매연이나 폐수, 버려지는 쓰레기들이 많아지면 그만큼 환경호르몬이 많이 배출되겠지.

플라스틱이나 컵라면 용기를 만들 때 사용하는 폴리카보네이트나 발포스티롤 등이 환경호르몬을 만들어내는 주요 물질로 알고 있어요.

환경호르몬을 발생시키는 물질이 이것 말고 또 있나요?

다이옥신이 우리 몸에 들어오는 과정

다이옥신 발생

장거리 이동

대기

공기 호흡

침강

음용수 섭취

채소 섭취

침강

채소

식품 섭취

유제품

어류

물

토양

육류

토양 섭취 및 피부 흡수

현재까지 확인된 환경호르몬의 종류만 해도 67 종류나 된단다.

앞으로 얼마나 더 늘어날지 예측할 수 없어.

그럼 환경호르몬 때문에 생기는 환경 문제들은 어떤 것들이 있나요?

환경호르몬의 종류와 발생 원인

물질명	발생 원인
다이옥신	쓰레기 소각장, 염소 표백 및 살균 과정, 월남전 당시 고엽제의 성분
폴리염화비페닐(PCB)	전기 절연제
비스페놀A	합성수지 원료, 식품과 음료용 캔의 안쪽 코팅
폴리카보네이트	플라스틱 용기
스티렌 다이머 /스티렌 트리머	컵라면 용기를 비롯한 각종 식품 용기
DDT	농약, 합성 살충제
프탈산 화합물(프탈레이트)	인공 피혁, 화장품, 향수, 헤어스프레이, 장난감, 식품 포장재, 폴리염화비닐

인간의 경우 당뇨나 암, 피부병과 같은 질병을 비롯해 기형아를 출산할 수도 있어. 그 밖에도 환경호르몬으로 인한 피해는 세계 곳곳에서 발견되고 있단다.

1992년 덴마크의 스케케백 교수는 지난 50년 동안 인간의 정자수가 반으로 줄었다는 연구 결과도 발표했어.

그 뿐만 아니라 성기 이상과 생식이 불가능한 야생동물의 급증은 물론, 합성수지로 암수동체 잉어가 발견되는 등 세계 곳곳에서 환경호르몬의 피해가 나타나고 있지.

신경계
수은, 카바메이트, 유기인산계

뇌
솔벤트, 농약, 납, 수은, 카드뮴과 그 화합물

허파
일산화탄소, 유황이산화물, 질소산화물, 암모니아, 석면

심장
솔벤트

모유
폴리염화비페닐, 유기염소계, 카드뮴과 그 화합물

간
다이옥신, 염화탄화수소

콩팥
염화탄화수소, 수은, 카드뮴과 그 화합물

생식기
포름알데히드, 솔벤트, 유기염소계, 납과 그 화합물

태아
솔벤트, 수은, 납 카드뮴과 그 화합물, 유리인산계, 카바메이트

골수
벤젠

피부
염화탄화수소, 합성세제, 윤활유, 농약

일상생활에서 사용하는 물건들 중에 환경호르몬을 발생시키는 물질들이 정말 많이 있었네요.

편하다는 장점 때문에 별 생각 없이 일회용품을 자주 사용했는데 앞으로는 좀 더 신경 써야겠어요.

그래. 일상생활에서 무심코 사용하는 물건들이 환경을 심각하게 오염시킬 수 있다는 점을 잊지 않는 게 좋겠지?

네!

톡
톡
엥?

으앗! 갑자기 웬 비?

쏴아아아

이럴 줄 알고 삼촌이 너희들 것까지 우비를 챙겨왔지!

척

역시, 삼촌은 항상 대비가 철저하단 말이야!

안전아! 아까 올라오면서 봤던 계곡물처럼 지금 내리는 비도 옛날과는 다르게 느껴지니?

응, 책에서 보니까 요즘은 대기오염 때문에 산성비가 자주 내린다고 하더라고.

그러고 보니 산성비도 환경을 해치는 거네!

그렇지. 산성비는 강한 산성을 띤 비를 말해. 보통은 공기 중 이산화탄소의 영향 때문에 ph.5.6~6.5 정도의 약산성 비가 내린단다.

그렇지만 대기오염이 심한 지역에서는 ph.5.6 이하의 강한 산성비가 내리는 거야.

ph.5.6~6.5

ph.5.6 이하

약한 산성의 비

강한 산성의 비

산성비의 원인이 되는 물질은 질소산화물과 황산화물이 대표적인데, 너희들이 물질이 어떻게 발생하는지 알고 있니?

자동차에서 배출되는 가스나 가정에서 사용하는 석탄, 석유 등의 연료가 연소되면 질소산화물과 황산화물이 나오는 걸로 알고 있어요.

그래, 잘 알고 있구나. 이 물질들이 수증기와 만나면 강한 산성을 띄게 되는데 이렇게 내리는 산성비 때문에 산림이 황폐화되고 하천이나 호수의 물고기들이 떼죽음을 당하는 현상이 곳곳에서 발생하는 거야.

황산화물, 질소산화물, 이산화황

공장 매연

산성비

산림 피해
플랑크톤

생태계 파괴

자동차 매연   어패류 감소

그 뿐만 아니라 산성비는 금속, 콘크리트 같은 건축물이나 오래된 유물들까지도 부식시킨다고 들었어요.

맞아. 산성비는 환경을 오염시키는 데서 그치지 않고 경제적, 문화적으로도 큰 피해를 입히고 있단다.

산성비

산성비 미워!

투둑   툭

산성비가 토양오염에 건축물까지 피해를 주는지 미처 몰랐어요.

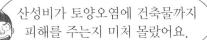

산성비의 영향으로 파괴되는 성당

224

쏴아아아

저도요. 그리고 환경이 오염되면 결국 우리도 건강한 삶을 살 수 없다는 걸 다시 한 번 느꼈어요.

기특하구나. 앞으로는 환경을 보호하고 자연을 지키기 위해서 작은 것부터 노력하면서 실천해보렴.

네, 삼촌!

그런데 삼촌, 환경오염에는 지금 말씀해 주신 것 말고 또 뭐가 있을까요?

쏴아아

환경오염의 원인은 아주 많지만 내가 설명한 것들 이외에도 오존층 파괴나 식량 재난과 같은 현상들도 있단다.

오존층, 식량재난, 그건 또 뭐에요?

척

애들아! 그건 내가 설명해 줄게!

오, 그래. 안전이가 대신 설명해 주면 되겠구나. 부탁한다!

넵! 걱정 마세요!

스윽

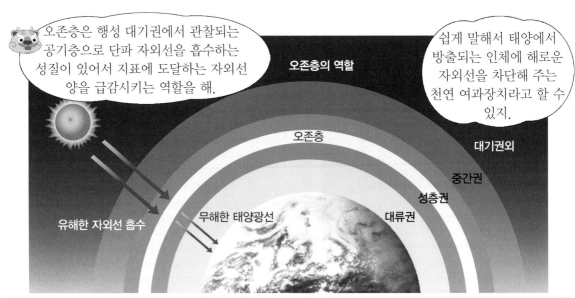

오존층은 행성 대기권에서 관찰되는 공기층으로 단파 자외선을 흡수하는 성질이 있어서 지표에 도달하는 자외선 양을 급감시키는 역할을 해.

쉽게 말해서 태양에서 방출되는 인체에 해로운 자외선을 차단해 주는 천연 여과장치라고 할 수 있지.

오존층의 역할

오존층
대기권외
중간권
성층권
대류권
유해한 자외선 흡수
무해한 태양광선

오존층 파괴

오존의 산소 결합고리가 끊어져 성층권의 오존층이 파괴되는 현상. 냉매, 프레온가스, 할론가스 같은 합성화학물질과 일산화탄소, 이산화질소 같은 화학물질이 원인이다.

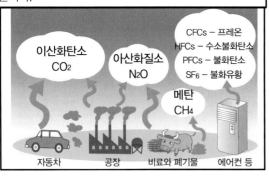

이산화탄소 CO₂
아산화질소 N₂O
메탄 CH₄

CFCs – 프레온
HFCs – 수소불화탄소
PFCs – 불화탄소
SF₆ – 불화유황

자동차   공장   비료와 폐기물   에어컨 등

프레온가스(CFCs)

오존층을 파괴하는 주원인이 되는 물질로 냉매, 발포제, 분사제, 세정제 등 산업 분야에서 많이 사용되고 있다. 화학적으로 안정된 물질이기 때문에 공기 중에 나온 후에 잘 분해되지 않는다.

프레온가스에 의한 오존의 분해 과정

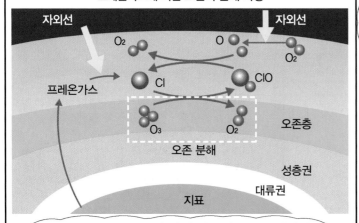

자외선   자외선
O₂   O   O₂
프레온가스   Cl   ClO
O₃   O₂
오존 분해
오존층
성층권
대류권
지표

오존층이 파괴되면 지표에 도달하는 자외선이나 유해광선이 많아지면서 다양한 환경문제를 일으키는 거야.

프레온가스는 기류에 의해 성층권으로 올라가면 자외선에 의해 분해가 돼. 분해된 프레온가스는 성층권에 있는 오존과 반응하면서 오존을 산소로 되돌리는데 이런 과정이 반복되면서 오존층이 파괴되는 거지.

오존층 파괴의 영향

식물
성장이 저하돼 곡물류의 수확량과 품질이 저하된다.

면역력
면역력이 약해지고 질병이 늘어난다.

건축물
건축 재료의 노화와 부식이 촉진된다.

대기
화학 반응이 활발해 도시 지역의 대기 오염이 심해진다.

눈
백내장 환자가 증가한다.

피부
피부암 환자가 증가한다.

바다
식물 플랑크톤의 감소로 먹이 연쇄가 흐트러진다.

무엇보다 남극의 오존층 파괴는 심각한 환경문제 중 하나야. 남극 대륙 상공의 오존층 절반가량이 파괴되었는데 이로 인해 생긴 오존홀의 넓이는 남한 면적의 323배에 달했지.

오존층 파괴를 막는 길은 오존층을 원래대로 돌리는 방법 말고는 없어. 그래서 오존층을 파괴시키는 물질의 사용을 줄이고 대체 물질로 바꾸기 위해 노력하고 있지. 다행히 그 결과 지금은 남극의 오존층이 다시 살아나고 있어.

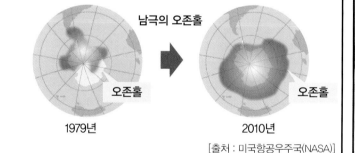

남극의 오존홀

오존홀
1979년

오존홀
2010년

[출처 : 미국항공우주국(NASA)]

이제 세계적으로 심각한 식량재난에 대해서 알려줄게.

식량재난 위기

세계인구의 약 40 %는 가난에 허덕이고 있고 매일 4만 명 정도의 어린아이들이 질병에 걸려 또는 먹을 것이 없어 죽어가고 있다. 이런 상황에서 전 세계 인구는 매일 25만 명 이상 증가하고 있으며 미국의 환경연구소에서는 "곡물의 70 % 이상을 수입하는 동아시아 국가들은 21세기 식량 위기에 놓일 가능성이 크다."고 지적하고 있다.

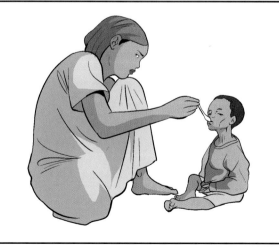

식량재난이 발생하는 이유는 인구 증가와 환경변화 등 그 원인이 다양해.

특히 환경오염과 기상이변, 물 부족과 같은 자연생태계 변화가 식량 부족 현상으로 나타나고 있지.

식량안보 위험지수(FSRI)

아프가니스탄
차드
수단
라이베리아
에리트레아
에티오피아
콩고민주공화국
앙골라
부룬디
짐바브웨

1위 아프가니스탄
2위 콩고민주공화국
3위 부룬디
4위 에리트레아
5위 수단
6위 에티오피아
7위 앙골라
8위 라이베리아
9위 차드
10위 짐바브웨

※ 자료 없는 나라 : 북한, 파푸아뉴기니, 투르크메니스탄, 부탄, 서사하라, 소말리아, 기아나

[출처 : 메이플크로프트, 2010년 기준]

우리나라의 식량 부족 상황

우리나라의 식량자급도는 1965년 95 %에 달했으나 점차 감소하면서 현재는 많은 부분을 수입에 의존하고 있다. 기상이변과 물 부족이 식량 감소에 영향을 주고 있으며 이는 우리나라뿐만 아니라 전 세계적인 식량 부족의 원인이 되고 있다.

한국 곡물 및 식량자급률 추이

식량
56.2 54.1 45.2 45.7 47.5 49.8

곡물
29.6 27.6 24.3 23.7 23.3 24.0

2009 2010 2011 2012 2013 2014년

[출처 : 농림축산식품부]

갈수록 심해지는 식량 위기를 극복하기 위해 곤충식량에 대한 연구가 활발하게 진행되고 있어.

곤충이라고 하면 막연하게 징그럽고 피해야 할 대상이라고 생각할 수 있지만, 실제로 먹을 수 있는 곤충의 종류에는 여러 가지가 있어.

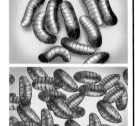

곤충 식량의 필요성

2050년 세계 인구가 90억에 이를 것이라는 전망이 나오고 있다. 그러면 지금의 거의 두 배에 달하는 식량이 필요할 것으로 예상되고 있다. 기후변화로 인한 식량 생산량 감소에 대비하고 미래의 식량 문제에 대처하기 위해 인류 식사 문화의 한 부분인 곤충 식량의 필요성이 높아지고 있다.

한국의 식용곤충

메뚜기, 번데기, 벽감장, 갈색거저리, 흰점박이꽃무지 애벌레, 장수풍뎅이 애벌레, 귀뚜라미 등

동의보감

벼메뚜기, 전갈, 달팽이, 쇠등에, 진딧물 등 95종을 약용으로 소개

[출처 : 농림축산식품부]

게다가 식용곤충은 경작지나 산림 등 자연에서 쉽게 구할 수 있다는 장점도 있지.

곤충은 미래의 식량입니다.

식용곤충의 장점

- 자연 생태계에서 쉽게 채집 가능.
- 곤충 양식에 사용되는 사료의 양이 상대적으로 적음.
- 동물에 비해 온실가스와 암모니아 등의 유해가스를 적게 배출.
- 비타민, 미네랄, 고단백 등 영양가 높은 건강식품.

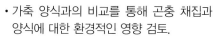

현재 곤충을 식품이나 사료로 이용하는 것에 대한 법 규정이 없어 앞으로 곤충식량에 대한 꾸준한 연구와 논의가 필요해.

자, 내가 알고 있는 건 여기까지야. 잘 이해가 됐는지 모르겠다.

곤충식량에 대한 연구

- 식량으로써의 영양학적 가치에 대한 증명.
- 가축 양식과의 비교를 통해 곤충 채집과 양식에 대한 환경적인 영향 검토.
- 식용곤충 양식을 통해 얻게 되는 사회 경제적 혜택에 대한 명확한 설명과 증명.
- 곤충을 이용한 식품과 사료의 활발한 생산과 교류를 위한 포괄적 법률 제정.

우아! 안전이 너 언제 이렇게 열심히 공부한 거야?

그러게 말이야. 안전이가 잘 설명해 줘서 이해가 쏙쏙 되는데?

이제 환경오염이 얼마나 심각한 문제인지, 그리고 환경을 보호하고 지키는 게 얼마나 중요한지 잘 알겠지?

네, 삼촌!

태안 기름 유출 사고

2007년 12월 7일 오전 7시 6분 충남 태안군 만리포 해수욕장에서 서북쪽 8 ㎞ 지점을 항해 중이던 홍콩의 14만 7000톤 급 유조선 '허베이 스피릿호'가 삼성중공업 소속 1만 2000톤 급 대형 해상 크레인선 '삼성 1호'와 충돌하는 사고가 발생했다.

12월 6일 오후 2시 50분경 예인선 두 척이 동원돼 인천에서 거제로 삼성 1호를 철수시키는 작업이 진행됐다. 그러나 기상 상황이 좋지 않아 항만당국이 7일 오전 5시 23분경 비상호출로 연락을 취했으나 선박은 응답하지 않았다.

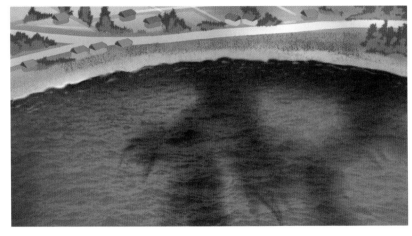

이런 상황에서 삼성 1호를 끌고 가던 예인선의 와이어가 끊어지면서 바다에 정박해 있던 홍콩의 유조선과 충돌하게 된 것이다.

이 사고로 유조선의 기름탱크 3개가 파손되어 원유 약 10,900톤이 해상에 유출되었다. 설상가상으로 사고 당시 높은 파도로 인해 초기에 빠른 대처를 하지 못했고, 오일 펜스를 넘어 기름이 유출되면서 피해가 더 커졌다.

원유 유출로 인해 인근 양식장을 비롯해 근처 항만에 서식하는 어패류가 떼죽음을 당했고 조류를 타고 내려간 타르 찌꺼기가 제주 해역에서 발견되기도 했다.

12월 11일 행정자치부가 충남 태안을 비롯한 6개 지역을 특별재난지역으로 선포해 국고 지원을 받게 되었다. 또한 태안 지역 주민을 비롯해 대략 200만 명에 가까운 자원봉사자들이 기름 제거 작업을 위해 태안을 방문했다.

이 사고는 예인선 절단으로 인한 유조선과의 충돌이 직접적인 원인이었고, 이에 더해 기상악화에 대한 안전 불감증이 빚은 인재(人災)였다.

/ 재난뉴스 기자

재난대처방법 환경오염

환경오염 사고 시 실내에서

☐ 라디오, TV에서 알려주는 대피 지시에 따라 차분히 대응한다.

☐ 출입문과 창문을 반드시 닫고 젖은 수건이나 테이프 등으로 출입문과 창문의 틈을 막는다. 또 에어컨, 목욕탕, 부엌 환기구 등과 같은 틈새도 테이프나 파라핀종이로 막는다.

☐ 환기장치를 끄고, 유독성 오염물질의 영향이 적은 건물 안으로 이동한다.

환경오염 사고 시 실외에서

☐ 유독성 물질은 물이나 공기를 통해 빠르게 이동하기 때문에 사고 현장으로부터 멀리 떨어져 피해를 최소화한다.

☐ 외부에 있는 경우 하천의 상류, 언덕 위 또는 바람이 불어오는 방향으로 이동한다.

환경오염 사고 시 응급상황 대처

☐ 건물 안으로 유독성 오염물질이 유입된 것으로 의심되면 옷, 수건 등을 입과 코에 대고 호흡량을 최소화해 호흡한다.

☐ 오염물질이 유출되면 장갑, 양말, 신발 등을 반드시 착용해 오염물질과 절대 접촉하지 않도록 주의하고 우의나 비닐로 몸을 감싼다.

환경오염 사고 발생 후

☐ 오염이 의심되는 음식은 절대 섭취하지 않는다.

☐ 집 안에 머무르는 경우라면 욕조나 물통 등에 물을 받아 두고 수도는 잠근다.

☐ 오염 여부가 확인되기 전까지는 수도를 사용하지 않는다.

☐ 만약 오염물에 접촉했다면 그 즉시 비누로 씻어낸다.

토양오염 사고 예방 지식

☐ 나무를 심고 숲을 가꾸면서 강수량이 많은 여름철에 토양이 유실되는 걸 방지한다.

☐ 비닐봉투의 경우 빛과 공기를 차단시켜 토양생물에 악영향을 미치기 때문에 사용량을 줄이고 되도록 종이봉투를 사용한다.

☐ 음식물 쓰레기를 최소화한다.

대기오염 사고 예방 지식

☐ 대중교통 및 친환경 자동차를 이용한다. (전기차, 하이브리드차)

☐ 공회전, 급출발 및 급정지를 최소화한다.

☐ 자동차 매연 저감 장치를 부착한다.

☐ 친환경 인증마크 제품을 사용한다. (휘발성 유기화합물 제품 사용 최소화)

공회전, 급출발, 급정지 최소화

매연 저감 장치 부착

수질오염 사고 예방 지식

☐ 양치 시 사용하는 물은 컵에 담아 사용한다.

☐ 설거지할 때 세제 사용량을 줄이고 쌀뜨물을 사용한다.

☐ 화학 성분이 함유된 세척제나 표백제 사용을 자제한다.

☐ 베이킹 소다, 구연산과 같은 천연 세제를 사용한다.

☐ 화장실 변기 물통에 물병이나 벽돌을 넣어 오염된 물의 배출을 최소화한다.

재난지식 노트

환경오염과 관련된 국제 협약이 어떻게 변화해 왔는지 기억해요!

환경오염과 국제 협력 ☆ 꼭 기억하자!

환경과 관련된 주요 국제 협약

1971년 람사협약 : 물새 서식지로써 특히 국제적으로 중요한 습지에 관한 협약

1985년 비엔나협약 : 국제적 차원의 오존층 보호를 위한 기본 골격을 마련한 협약

1989년 몬트리올의정서 : 오존층 파괴 물질의 생산 및 사용의 규제에 관한 협약

1992년 기후변화협약 : 기후 변화에 관한 유엔 기본협약(리우환경협약)

1997년 교토의정서 : 기후변화협약에 따른 온실가스 감축 목표치를 규정한 협약

2015년 신기후체계(파리협정) : 2020년 만료되는 교토의정서를 대체하고 2020년 이후의 기후 변화 대응을 담은 국제협약

2020년 교토의정서 만료

2020년부터 파리협정

환경 관련 주요 국제 협약에 관심을 기울입시다!

(1) 람사협약(1971년)

1971년 이란 람사에서 채택된 습지에 관한 협약으로, 정식 명칭은 '물새 서식처로써 국제적으로 중요한 습지의 보전에 관한 국제협약'이다. '자연 자원의 보전과 현명한 이용'에 관해 맺은 최초의 국제적 정부 간 협약으로, 국경을 넘어 이동하는 물새를 국제적 자원으로 규정하고 가입국들의 습지를 보전하는 정책을 의무화하고 있다. 우리나라는 1997년 3월에 가입했으며 같은 해 강원도 인제군 대암산에 위치한 '용늪'이 최초의 람사습지로 등록되었다. 이후 1998년 경남 창녕의 '우포늪', 2005년 전남 신안의 '장도습지'가 람사습지로 등록되었다.

(2) 비엔나협약(1985년)

1985년 3월 채택된 비엔나협약은 국제적 차원의 오존층 보호를 위한 기본 골격을 마련한 협약이다. 우리나라는 1992년 2월 비엔나협약에 가입했으며 가입 전인 1991년 1월 '오존층 보호를 위한 특정물질의 제조규제 등에 관한 법률'을 제정해 1992년 1월부터 시행했다.

(3) 몬트리올의정서(1989년)

비엔나협약의 후속 작업으로 오존층 파괴 물질의 생산 및 소비 감축을 주요 내용으로 하는 몬트리올의정서가 채택되었다. 정식 명칭은 '오존층을 파괴시키는 물질에 대한 몬트리올의정서'로 이 국제 협약의 목적은 오존층 파괴 물질의 생산 및 사용의 규제에 있다. 한국은 1992년 이 협약에 가입했다.

몬트리올의정서의 목적은 오존층 파괴 물질을 규제하는 것입니다!

몬트리올의정서의 주요 내용

• 염화불화탄소 단계적 감축

• 비가입국 통상 제제

• 최소 4년에 한 번 규제 수단 재평가(1990년부터)

(4) 기후변화협약(1992년)

정식 명칭은 '기후변화에 관한 유엔 기본협약'이며 이 협약의 목적은 이산화탄소를 비롯한 온실가스 방출 제한을 통해 지구온난화를 막는 것이다. '리우환경협약'이라고도 불리는 기후변화협약은 1979년 과학자들이 지구온난화를 경고한 이후 지속적으로 논의된 끝에 1992년 6월 정식으로 체결되었다.

(5) 교토의정서(1997년)

1992년 체결된 기후변화협약의 구체적 이행 방안에 대한 국제 협약으로 '교토프로토콜'이라고도 한다. 선진국의 온실가스 감축 목표치를 규정한 이 협약은 개발도상국의 참여 문제로 선진국간, 선진국과 개발도상국 간 의견차로 심한 대립을 겪었지만 2005년 2월 16일 공식 발효되었다.

이 협약의 의무이행 대상 국가는 캐나다, 미국, 일본, 유럽연합 회원국 등 총 37개국이며 2008년부터 2012년까지를 제1차 감축 공약 기간으로 설정했다. 이로써 대상국은 온실가스 총배출량을 1990년대 수준보다 평균 5.2 % 줄이기로 합의했다.

또한 감축을 이행했을 시 신축성을 허용하기 위해 배출권 거래, 공동이행, 청정개발체제 등의 제도도 도입했다. 그러나 전 세계 이산화탄소 배출량의 28 %를 차지하고 있는 미국의 경우 자국 산업 보호를 이유로 2001년 3월 기후변화협약에서 탈퇴했다.

제 18차 유엔기후변화협약(2012년, 카타르 도하)

• 2013년부터 2020년까지 제 2차 감축공약기간 설정

• 온실가스 25~40 % 감축에 합의(1990년 대비)

  (1차 공약 기간과 달리 2차 공약 기간은 각국 정부 차원의 약속일 뿐 법적 구속력은 없음.)

(6) 신기후체계(파리협정, 2015년)

2020년 만료되는 교토의정서를 대체할 2020년 이후의 기후변화 대응을 담은 국제 협약으로 교토의정서와 달리 195개 당사국 모두에 구속력이 있는 보편적인 첫 기후 합의다. 파리협정은 온실가스에 대한 상향식 감축 목표 방식을 채택했으며 이는 2020년 이후 전 세계 모든 국가에 적용된다.

신기후체계 주요 내용

- 지구온난화 억제 목표 강화
- 5년 주기로 상향된 감축 목표 제출(5년마다 이행 여부 검증)
- 2025년 이후 개발도상국 자금 지원 확대

환경위기 시계

지구 환경의 악화된 정도를 나타내기 위해 인류 생존에 대한 위기감을 시간으로 표시한 것이다. 조사를 시작한 1992년 7시 49분을 기록한 이후 매년 위기 시계는 급속히 진행되었고 2008년 9시 33분을 가리키며 12시에 가까운 가장 위험한 수준을 나타냈다. 우리나라 역시 2015년 9시 19분으로 여전히 위험한 수준에 머물고 있다.

9 **화생방**

안전이는 지하철 타는 게 처음이지?

네, 박사님. 책으로만 보다가 직접 타보는 건 처음이에요.

어! 저 아저씨가 방금 지하철에 뭔가를 버리고 갔어요.

두리번 두리번

후다다닥 탁

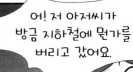

저 검은색 봉투를 말하는 거니?

혹시!

척

슈우우웅

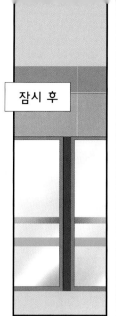

잠시 후

슈우우웅

모두들 안심하세요.
그냥 쓰레기가 들어 있는
봉투였어요.

후유, 혹시나 화생방
물질이 들어있는 줄 알고
깜짝 놀랐는데 아니라니
다행이구나.

SAFE

탁

안전이가 재빨리 잘
행동했구나. 잘했다,
안전아.

척

별 말씀을요. 이상한
냄새가 나서 위험 물질이
있나 의심했는데 그냥
쓰레기였어요.

저 아저씨는 왜
쓰레기를 함부로 버리는
거야! 사람 놀라게.

SAFE

응? 왜, 무슨 일 있었어?

으이구! 여태 딴 짓 하다가
참 빨리도 물어본다!

SAFE

삼촌, 좀 전에 화생방 물질이라고 하셨는데 그게 많이 위험한 건가요?

그럼! 굉장히 위험하지. 화생방은 화학무기, 생물학무기, 방사선무기를 뜻하거든.

화생방이란?

화학무기(독가스 등), 생물학무기(바이러스 등), 방사선무기(핵 등)를 사용하는 경우를 의미하며, ※CBRNE로 표현하기도 한다.

*CBRNE 화학(Chemical), 생물학(Biological), 방사선학(Radiological), 핵(Nuclear), 폭발(Explosive)의 영문 첫 글자.

아, 화생방이 전쟁 무기로 사용되는 거였군요.

스윽

삼촌! 전쟁은 총, 칼, 대포, 탱크, 미사일 이런 것들을 무기로 사용하는 거 아닌가요?

쾅 쾅 콰

네 말이 맞아. 하지만 화생방 역시 강력한 전쟁 무기로 사용되고 있단다.

슈우우욱

너희들, 화생방이 유형별로 어떻게 사용되는지 알고 있니?

그건 제가 설명해 볼게요.

SAFE

전쟁에서 화생방은 그 유형에 따라 화학전, 생물학전, 방사능전으로 나눌 수 있어.

	화학전	화학작용제를 사용해 군사적 이점을 취하는 전쟁 수행 방식. (화학물질로 사람을 살상하거나, 행동을 무능화하거나, 지역 및 물자의 사용을 방해하는 등의 활동.)
	생물학전	감염성이 있는 물질을 사용하는 전쟁 수행 방식. (미생물 혹은 독소 등을 이용해 사람 및 동식물을 살상하거나 지역 및 물자에 피해를 주는 등의 활동.)
	방사능전	핵 또는 방사능 무기를 사용하는 전쟁 수행 방식. (방사능 물질을 통해 사람이나 동물 등을 대량 살상하거나 지역 및 물자의 사용을 제한하는 등의 활동.)

세상에! 생각보다 더 끔찍한 무기네요.

한번 발생하면 그 피해를 수습하기도 어려울 것 같고요.

그래, 맞아. 화생방 무기는 비교적 쉽게 생산할 수 있는 반면에 피해 규모가 크기 때문에 더욱 위험하다고 볼 수 있지.

화생방 공격의 특성

• 화학무기 : 제조 원료나 기술이 저렴해서 쉽게 생산할 수 있으며 적은 양으로 짧은 시간 안에 넓은 지역을 오염시키고 나아가 인명을 살상시킬 수 있다.

• 생물학무기 : 화학무기와 마찬가지로 적은 비용으로 생산이 가능하며 은닉과 살포가 용이하다. 극소량으로도 인간이 사망할 수 있는 치명적인 무기다.

• 핵무기 : 핵무기 사용으로 인한 방사능 오염은 넓은 지역에 장기간에 걸쳐 영향을 주기 때문에 즉각적 대응이 어렵다. 방사능은 인간을 비롯해 동식물, 상수도, 식품 등에 영향을 미치며 그 피해 역시 장기간에 걸쳐 오랫동안 발생한다.

화생방에 대해 책에서 읽긴 했는데, 이렇게 엄청난 피해를 주는 무기라고는 생각을 못했어요.

저도요. 갈수록 전쟁 무기들이 쉽게 만들어지는 반면에 그 피해는 훨씬 더 커지는 것 같아요.

그렇지. 화생방은 특정 지역, 특정 대상에 대한 공격보다는 광범위한 지역에서 무차별적 피해를 발생시킨다는 특징을 갖고 있어. 게다가 화생방은 인명을 살상하는 데 그 목적이 있기 때문에 다른 재난에 비해 인명 피해의 규모가 훨씬 더 크다고 볼 수 있단다.

삼촌, 화생방이 뭔지, 어떤 방식으로 사용되는지는 이해했어요.

이제 어떤 것들이 화생방의 무기로 사용되는지 구체적으로 알고 싶어요.

화생방은 그 유형에 따라 특성과 종류가 다르단다. 먼저 화학무기로 사용되는 화학작용제에 대해서 설명해 줄게.

화학작용제는 넓은 지역에서 대량살상이 가능하고 대략적으로 결과를 예측할 수 있단다. 또 기상 상태와 지형의 영향을 받기 때문에 이동하는 데 제한이 있지.

화학작용제의 종류에는 신경작용제, 질식작용제, 혈액작용제, 수포작용제, 최루작용제, 구토작용제, 무능화작용제 등이 있어.

신경작용제
질식작용제
혈액작용제
수포작용제
최루작용제
구토작용제
무능화작용제

신경, 질식, 최루작용제….
삼촌, 종류가 굉장히 많네요.

그렇지? 그럼 이제
종류별로 어떤 특성이 있는지
자세히 알려줄게.

화학작용제의 특성

- 신경작용제(Nerve Agent) : 자율신경계통인 교감·부교감 신경을 파괴하고 단시간 내에 사망하게 하는 급속 살상 작용제로써 흡입하거나 피부에 접촉할 경우 발생한다.
- 혈액작용제(Blood Agent) : 체내로 들어오면 단시간 내에 산소가 부족해 사망하게 되는 화학작용제로써 복숭아씨나 아몬드와 같은 자극적 냄새가 난다.
- 질식작용제(Choking Agent) : 갓 베어낸 풀 냄새가 나는 작용제로써 인간의 코, 인후, 폐 등에 손상을 주는데 폐에 액체가 차고 익사자와 같은 증상을 보이며 질식사하게 된다.

나머지 화학작용제에
대해서는 안전이가 설명해
줄 수 있겠니?

네, 박사님. 저한테
맡기세요!

수포작용제는 겨자 맛이 나서 머스타드
(Mustard) 가스라고도 해. 제1차 세계대전 때 많이
사용됐고 피부에 반응하면 수포를 발생시키고 3도
화상과 유사한 증상이 나타나지.

그렇구나. 그럼
최루작용제는 노출되면
눈이랑 코가 매운 최루탄과
비슷한 거야?

맞아! 최루작용제는 최루탄이라고도
하는데, 낮은 농도에서는 눈에 심한 통증을
주고 농도가 높아지면 호흡기와 피부를
자극하는 성질을 가지고 있어.

화학작용제는 종류도 많고
그 특징도 다양하지만 노출되면
인체에 심각한 영향을 미친다는
점에서는 비슷한 부분이 있구나.

그렇지. 구토작용제와
무능화작용제 역시 마찬가지야.

구토작용제 · 무능화작용제

· 구토작용제 : 호흡기와 눈에 강한 자극
을 유발시키는 작용제로써 기침과 재채
기, 코와 목에 통증을 유발시키고 두통
과 구토를 일으킨다.

· 무능화작용제 : 노출되면 일정 시간 동
안 생리적, 정신적 무능화가 유발된다.

참! 고엽제에 대한 것도
말해 줘야겠다.

베트남 전쟁에 파병된
한국군 중에서도
고엽제 후유증을 앓는
사람들이 많단다.

많은 사람들이
있는 장소에서 이런
화학무기들이 살포되면
어떻게 될지 상상만 해도
너무 끔찍해요.

베트남 전쟁과 고엽제

1961년 발생한 베트남 전쟁 당시 미군은 나뭇잎을 제거해 전
투를 수월하게 하기 위해 무려 7년간 베트남 전 국토 면적의
18 %에 달하는 지역에 고엽제를 살포했다. 이 고엽제로 인해
전쟁에 참가했던 군인과 주민은 물론 후손들까지 그 후유증
이 이어지고 있다.

맞아. 그런데 우려했던 일이
일본 도쿄 지하철에서 실제로
일어났단다.

일본 도쿄 지하철 화학테러 사건

1995년 3월 20일 오전 7시 43분, 신흥종교단체 일원이 일본의
도쿄 지하철에서 독가스의 일종인 사린가스를 살포해 시민 12명
이 사망하고 5,500여 명이 중경상을 입었다.

지하철에서 실제로 화학테러사건이 발생했다고요?

그래. 이 사고는 한 지역에서 발생한 것이 아니라 동일 노선에서 양방향으로 동시에 발생했어. 게다가 출퇴근 시간대에 환승역을 목표로 했기 때문에 피해가 클 수밖에 없었지.

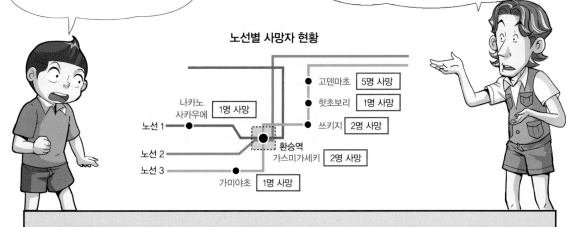

노선별 사망자 현황

나카노 사카우에 — 1명 사망
노선 1
노선 2
노선 3

고덴마초 — 5명 사망
핫초보리 — 1명 사망
쓰키지 — 2명 사망
환승역 가스미가세키 — 2명 사망
가미야초 — 1명 사망

이 사고는 화학가스가 테러에 사용된 최초의 사례여서 그런지 사고 처리와 후속 조치 등에서 아쉬운 부분들이 있었어.

일본 도쿄 지하철 화학테러 사건의 시사점

- 사상자 집중 처리, 2차 오염 환자 치료 등 초기 발생한 대량 환자에 대한 대응 시스템 구축의 중요성.
- 사건 현장 통제, 환자 수송 및 수용 병원 등 현장 통제 대책의 중요성.
- 열차 내 방호수단, 역무원 초동 대응, 자체 긴급제독 수단 등 지하철 자체 통제 대책의 중요성.

지하철처럼 많은 사람들이 오가는 장소에서는 인명 피해가 크겠네요.

맞아. 화학적 테러뿐만 아니라 세균이나 바이러스 등과 같은 생물학적 작용제도 무기로 사용될 수 있기 때문에 굉장히 위험해.

세균과 바이러스라면 미생물이 무기로 사용될 수 있다는 건가요?

생물학적 작용제에는 미생물과 독소 등이 있단다.

먼저 세균성 생물학적 작용제에는 콜레라균과 탄저균, 야토병균, 페스트균 등이 있어.

콜레라균 · 탄저균

- 콜레라균 : 전염성 감염 질환으로 오염된 음식이나 물을 통해 감염된다. 급성 설사가 발생하며 중증의 탈수가 빠르게 진행되면서 사망에 이를 수 있다.

- 탄저균 : 혈액 속의 면역 세포를 손상시켜 쇼크나 급성 사망을 유발한다. 탄저균 포자에서 생성되는 독소로 인해 감염되며 감염 후 하루 안에 항생제를 투여하지 않으면 80 % 이상이 사망할 정도로 그 위력이 강하다.

이 밖에도 야토병균은 모기, 진드기 등에 물려서 피부나 점막을 통해 감염되고 페스트균은 쥐나 벼룩에 의해 전염된단다. 세균에 따라서 나타나는 증상은 다르지만 심하면 사망에 이를 수 있어.

아하, 세균은 전염성이 강해서 그 피해가 커지는 거군요.

SAFE

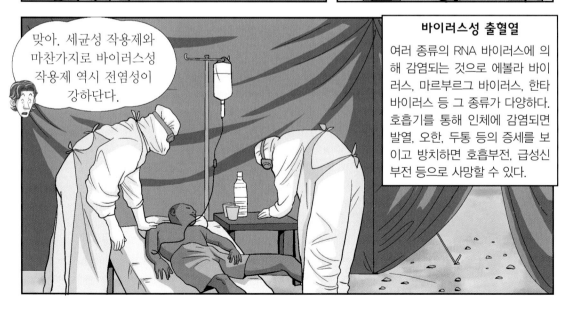

맞아. 세균성 작용제와 마찬가지로 바이러스성 작용제 역시 전염성이 강하단다.

바이러스성 출혈열

여러 종류의 RNA 바이러스에 의해 감염되는 것으로 에볼라 바이러스, 마르부르그 바이러스, 한타 바이러스 등 그 종류가 다양하다. 호흡기를 통해 인체에 감염되면 발열, 오한, 두통 등의 증세를 보이고 방치하면 호흡부전, 급성신부전 등으로 사망할 수 있다.

이 밖에도 리신(Ricin)이나 보툴리눔(Botulinum)과 같은 독소도 인체에 치명적인 영향을 줌으로써 피해를 일으킨단다.

세균과 바이러스처럼 눈에 보이지 않는 것들이 무기가 될 수 있군요.

리신 · 보툴리눔

- 리신(Ricin) : 피마자 씨에서 추출되며 소량으로도 성인을 사망에 이르게 할 수 있는 독성 물질.
- 보툴리눔(Botulinum) : 인체에 들어오면 근육 마비와 사망을 초래하며 알려진 독 중 가장 해로운 독성 물질.

맞아요. 눈에 보이지 않아서 왠지 더 위협적으로 느껴지는 것 같아요.

그래, 보이지 않기 때문에 언제 어디서 발생할지 예측하기 힘들고 사고가 발생했을 때 대처하기도 쉽지 않지.

맞아요, 박사님. 특히 방사능은 세계 여러 곳에서 많은 피해를 일으켰잖아요.

안전이 말이 맞아. 방사능은 너희들도 많이 들어봤지?

네, 일본의 후쿠시마 원전사고도 방사능 사고잖아요.

저도 그 사고는 뉴스에서 봤어요.

그런데 방사능과 방사선이 뭔지 잘 모르겠어요.

아, 헷갈릴 수 있겠구나. 먼저 방사능과 방사선이 뭔지부터 알려줄게.

방사능은 말 그대로 방사성 물질의 능력을 뜻해. 불안정한 원소의 원자핵이 스스로 붕괴하면서 내부에서 방사선을 방출하는 능력 또는 방사선의 세기라고 이해하면 되지. 방사선은 방사성 물질이 내는 에너지 흐름으로, 불안정한 상태의 원자핵이나 원자가 안정한 상태에서 방출하는 전자기파라고 할 수 있지.

아, 그렇구나. 방사선이 에너지의 흐름이라면 눈에 보이지 않겠네요?

맞아. 방사선은 눈에 보이지도 않고 냄새나 맛도 없단다.

영화에서 방사능에 대해서 본 기억이 있는데요. 방사선에 피폭된다는 게 어떤 뜻이에요?

쉽게 말해서 인체가 방사선에 노출돼 피해를 입는다는 걸 의미해.

방사선 피폭에는 외부 피폭과 내부 피폭이 있단다.

방사선 피폭

- 외부 피폭 : 인체 외부로부터 방사선을 받는 것을 말한다. 체외 피폭이라고 도 한다. 자연방사선인 감마선, 원자폭탄이나 수소폭탄 폭발 시 방출되는 방사선 등도 외부 피폭의 원인이 된다.

- 내부 피폭 : 방사성 동위원소가 호흡기나 소화기, 피부 등을 통해 체내에 들어가 신체 내부로부터 방사선을 받는 것을 말한다. 체내 피폭이라고도 한다. 환경에 방출된 방사성 핵종을 식품 등과 함께 섭취하거나 피부나 상처 등을 통해 방사성 물질이 신체 내부로 들어오면 내부 피폭이 발생하게 된다.

어떤 방식으로든 방사선에 노출되면 위험하겠지만 삼촌 말을 들어보니 외부 피폭보다 내부 피폭이 더 심각한 피해를 줄 것 같아요.

네 말이 맞아. 외부 피폭은 신체가 방사선을 받고 있는 동안만으로 한정이 되지만, 내부 피폭은 방사성 물질이 체내에 존재하는 한 피폭이 계속되면서 인체에 영향을 주거든.

이제 방사선에 피폭되면 어떤 증상이 나타나는지 볼까?

방사능 노출에 따른 인체의 위험도

방사선량	인체의 위험도
80 이상	즉시 사망.
50~80	수초~수분 이내에 방향 감각 상실, 수시간 이내 사망.
10~50	내장 조직 괴사, 피로, 메스꺼움, 탈수 증세, 7일 이후 100 % 사망.
6~10	내장 조직 심각한 피해, 골수 파괴, 14일 이후 100 % 사망.
4~6	심한 피폭 증세, 여성 불임, 30일 이후 60 % 사망.
3~4	신장, 피하, 입 등에 출혈, 30일 이후 50 % 사망.
2~3	여성 불임, 피로감, 구토, 탈모, 30일 이후 35 % 사망.
1~2	구토, 메스꺼움, 30일 이후 10 % 사망.
0.5~1	일시적 남성 불임, 면역세포 교란, 두통.
0.2~0.5	적혈구 일시적 감소, 증세를 인지하지 못함.
0.05~0.2	암과 유전자 변형 가능, 증세 없음.

[단위 : 시버트(Sv)]

아주 소량의 방사선에 노출돼도 인체에는 큰 영향을 주는군요.

그렇지. 게다가 방사선의 노출량에 따라 증상도 다양하고 즉각적으로 피해가 나타나지 않는 경우가 있기 때문에 예측하는 것도 어렵단다.

방사선 노출 정도에 따른 피해나 종류에 따른 대처 방법을 잘 파악해야겠네요.

삼촌! 며칠 전 영화에서 보니 원자력발전소에서 사고가 났을 때 상황에 따라 여러 단계로 구분하더라고요. '멜트다운'이라는 말도 나오던데 그건 뭔가요?

핵원료가 녹아내리는 현상을 말해. 원자로의 냉각장치가 정지되면 내부 열이 상승하면서 우라늄을 용해시키는데, 이 때문에 원자로의 노심부가 녹아버리는 거지. 체르노빌, 후쿠시마 원전 사고도 멜트다운 때문에 일어났단다.

멜트 다운(Melt Down)

우리나라의 '원자력시설 등의 방호 및 방사능 방재 대책법 제17조'에 따르면 원자력시설 등의 방사선 비상의 종류는 사고의 정도와 상황에 따라 백색비상, 청색비상, 적색비상으로 구분하고 있어.

방사선 비상의 종류에 대한 기준

구분	기준
백색비상	방사성 물질의 밀봉 상태의 손상 또는 원자력 시설의 안전 상태 유지를 위한 전원공급 기능에 손상이 발생하거나 발생할 우려가 있는 등의 사고로써 방사성 물질의 누출로 인한 방사선 영향이 원자력 시설의 건물 내에 국한될 것으로 예상되는 비상사태.
청색비상	백색비상에서 안전 상태로의 복구 기능의 저하로 원자력 시설의 주요 안전 기능에 손상이 발생하거나 발생할 우려가 있는 등의 사고로써 방사성 물질의 누출로 인한 방사선 영향이 원자력 시설 부지 내에 국한될 것으로 예상되는 비상사태.
적색비상	노심의 손상 또는 용융 등으로 원자력 시설의 최후방벽에 손상이 발생하거나 발생할 우려가 있는 사고로써 방사성 물질의 누출로 인한 방사선 영향이 원자력 시설 부지 밖으로 미칠 것으로 예상되는 비상사태.

방사능에 대해서는 잘 알겠어요.

그럼 방사능과 관련된 사건들은 뭐가 있나요?

내가 알려 줄게! 먼저 히로시마 원자폭탄 사고부터 알아볼까?

일본 히로시마 원자폭탄 사고

제2차 세계대전이 막바지로 치닫던 1945년 8월 6일 아침, 미국은 일본 히로시마에 15 kt의 원자폭탄을 투하했다. 이로 인해 히로시마 중심부 약 12 ㎞가 괴멸되고 사망자는 7만 8,000명, 부상자는 8만 4,000명에 달했다.

세상에! 엄청난 사상자가 발생한 사고였구나.

맞아. 무엇보다 30년이 지난 후에도 방사능 후유증으로 약 25만 명이 목숨을 잃었지.

우크라이나에서 발생한 체르노빌 원자로 폭발 사고 역시 마찬가지야.

체르노빌 원자로 폭발 사고로 방출된 방사능 물질은 일본 히로시마에 투하된 원자탄보다 400배나 많았다고 해.

히로시마 원자탄 폭발 → 체르노빌 원자로 폭발
400배

체르노빌 원자로 폭발 사고

1986년 4월 26일 우크라이나(구 소련)의 체르노빌 발전소에서 원전 폭발 사고가 발생했다. 이 폭발로 8 t가량의 방사능 물질이 방출됐고 이로 인해 56명이 사망하고, 질병과 암에 걸린 환자는 27만 명에 달했다. 또한 이 때 발생한 환자 27만 명 중 14만 명이 사망했다.

어! 저쪽에 있는 거 말씀하시는 거죠?

맞아! 이 구호용품 보관함에는 화생방을 비롯해서 비상시에 활용할 수 있는 도구들이 비치돼 있단다.

구호용품 보관함
Relief Goods Storage

특히 방독면은 화생방 사고가 났을 때 반드시 필요한 구호용품이야. 방독면은 크게 한국형 방독면, 다용도 방독면, 일반 방독면 세 가지가 있지.

한국형 방독면

군사용으로 활용되는 방독면으로 중독성 화학제, 연막, 생물학 작용제, 방사능 작용제 등의 흡입을 제한한다. 산소가 18 % 이하인 밀폐된 공간이나 화재 발생 시에는 활용할 수 없다.

다용도 방독면

독성화학가스를 막아 주는 방독면으로 세균, 방사능 분진 여과가 가능하고 화재 시 연기나 열, 유독가스 등을 방호한다. 전쟁 가스용으로 최소 6분, 화재 대피 시 최소 4분 정도 방호가 가능하며 화재나 오염 현장으로부터 긴급하게 대피할 경우에만 사용한다.

일반 방독면

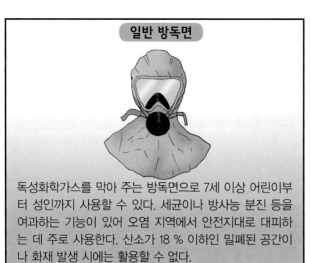

독성화학가스를 막아 주는 방독면으로 7세 이상 어린이부터 성인까지 사용할 수 있다. 세균이나 방사능 분진 등을 여과하는 기능이 있어 오염 지역에서 안전지대로 대피하는 데 주로 사용한다. 산소가 18 % 이하인 밀폐된 공간이나 화재 발생 시에는 활용할 수 없다.

방독면도 종류에 따라서 그 용도가 조금씩 다르네요.

그렇지? 여기 보관함에 있는 건 일반 방독면인데 어떻게 사용하는지 알려주마.

방독면 착용법

❶ 호흡을 멈춘 상태에서 정화통을 방독면에 연결한다.

❷ 방독면 안경렌즈가 얼굴 앞에 오도록 착용한다.

❸ 안면부 고무면체를 코와 입, 턱에 맞게 밀착시킨다.

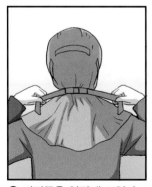

❹ 머리끈을 알맞게 조인다.

❺ 숨을 내쉰 뒤 양손으로 바깥쪽 구멍을 막고 숨을 들이마시면서 공기가 새는지 점검한다.

❻ 착용 뒤 신속하게 안전한 곳으로 대피한다.

재난뉴스

구미 불산 가스 누출 사고

2012년 9월 27일 경상북도 구미시 산동면 구미산단 4단지에 위치한 화학제품 생산업체인 (주)휴브글로벌 공장에서 폭발 사고가 일어났다. 폭발은 야외 작업장 탱크에서 불산을 빼내는 과정에서 불산 가스가 누출되면서 발생했다.

유출된 유독가스로 직원 4명과 외주업체 근로자 1명 등 모두 5명이 숨지고 18명이 부상을 당했다.

사고 이후 신속한 조치가 이루어지지 않아 산업단지 주변으로 유독가스가 퍼지면서 인근 주민들이 검사와 치료를 받았고, 수백 명이 두통과 메스꺼움에 시달렸다. 뿐만 아니라 농작물과 식물 등이 누렇게 말라 죽어갔고 가축들이 중독 증상을 보이기도 했다.

불산은 공기와 접촉하면 연기와 함께 자극적인 냄새를 내는 유독 물질이다. 인체에 직접 닿으면 피부와 점막이 부식될 수 있고 호흡기를 통해 체내에 들어가면 신경조직을 손상시키는 맹독 물질이다.

이 사고는 안전수칙을 제대로 지키지 않고 안전장비도 제대로 갖추지 않은 상태에서 작업을 하던 중에 발생했다. 또 사고 직후 신속한 초기 대응도 미흡해 총체적인 위기관리 시스템의 부재가 피해를 키운 원인으로 지적됐다.

/ 재난뉴스 기자

재난대처방법 화생방

화생방 경계경보 시

- □ 경보가 발령되면 이웃에 알리고 노약자는 안전한 곳으로 대피 시킨다.
- □ 방독면과 같은 보호 장비를 착용하거나 휴대하고 대피한다.
- □ 대피한 상태에서는 외부 공기가 통하지 않게 문을 꼭 닫고 안내 방송을 듣는다.
- □ 음식물 등은 뚜껑이나 비닐포장을 통해 덮고, 생필품이나 의약 품 등은 사재기 하지 않는다.

화생방 경보 시

- □ 피부가 노출되지 않도록 옷을 완전하게 입고 신속하게 방독면 을 착용한다.
- □ 주위에 경보를 전달한 후 바람의 방향을 잘 판단해 대피한다.
- □ 가능한 밀폐된 장소로 대피하고 실내의 경우 문틈을 확실히 막 는다.
- □ 지하 대피 시설이 없는 경우 산 정상이나 건물의 높은 곳으로 대피한다.
- □ 오염된 사람이 있을 경우 비눗물로 피부를 닦고 다른 옷으로 갈 아입힌 후 신선한 공기를 마시게 한다.

생물학전 시

- □ 피부가 노출되지 않게 몸을 보호하고 방독면을 착용한다.
- □ 오염되지 않은 지역으로 신속히 대피하고 오염된 사람은 격리 해 치료한다.
- □ 공격이 일어난 후에는 주변을 깨끗이 청소하고 음료는 반드시 끓여 먹으며 예방접종을 한다.

핵 및 방사능전 시

☐ 지하 대피소로 긴급히 대피하고, 만일 대피소가 없는 경우 웅덩이나 하수구 등을 이용한다.

☐ 방호물을 이용해서 몸을 보호하고 건물 내에 있을 경우 창문 반대 방향으로 엎드린다.

☐ 방사능으로부터 신체 노출을 최소화해야 하므로 납, 콘크리트 벽 등으로 만들어진 건물 안으로 대피한다.

☐ 방사능에 의한 피부 오염이 의심되면 잘 털어내고 깨끗한 물로 잘 씻어낸다.

화생방 진압 후 대처 요령 ❶

☐ 시간적 여유가 있는 경우 정부 안내에 따라 방사능 낙진을 최대한 피할 수 있는 곳으로 대피한다.

☐ 시간적 여유가 없는 경우 우산이나 비닐 등으로 신체를 보호하고 지하 깊은 곳으로 대피한다.

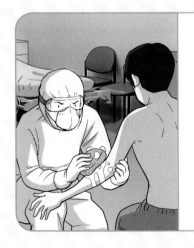

화생방 진압 후 대처 요령 ❷

☐ 민방위 대원은 지시에 따라 구조 및 소화활동에 최선을 다한다.

☐ 오염에 노출된 사람은 비오염 지역으로 신속히 옮긴다.

☐ 오염된 사람의 옷을 벗기고 비눗물로 피부를 닦아낸다.

☐ 오염된 사람의 증상에 따라 인공호흡, 해독제 주사 등의 조치를 취하고, 오염된 장비나 시설은 비눗물로 세척한다.

재난지식 노트

화학 물질별 누출 시
주의사항을 기억해요!

화학 물질별 누출 시 주의사항 ☆ 꼭 기억하자!

(1) 염화수소
(Hydrogen chloride)

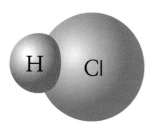

- 토양 누출의 경우 오염 지역을 산화칼슘, 비산회 등으로 덮고, 수중 누출의 경우에는 산화칼슘이나 중탄산나트륨을 이용해 중화한다.

- 누출 물질과 물이 접촉되지 않게 하고 다량 누출되면 제방을 축조해 별도로 격리할 수 있게 조치한다.

- 누출 물질을 다룰 때는 내화학성 보호 도구와 같은 안전장비를 갖춘다.
(예) 보호장갑, 보호장화 등.

- 누출 물질은 유독가스를 배출하므로 방독마스크를 반드시 착용하고 바람을 등진 채 오염 지역보다 낮은 곳으로 대피한다.

(2) 암모니아
(Ammonia)

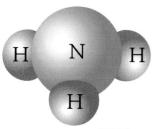

암모니아가
누출됐을 때 취해야
할 조치입니다!

- 대기 누출의 경우 물 스프레이를 이용해 증기를 줄인다.

- 물과 암모니아가 결합하면 부식성과 독성이 생기므로 한 곳에 모아 처리한다.

- 토양 누출의 경우 비가연성 물질로 덮어서 처리하거나 약산으로 중화시킨다.

- 수중 누출의 경우 약산으로 중화시키고 오염 지역은 제방을 쌓아 고립시킨 후 누출물은 긁어낸다.

- 누출 물질을 다룰 때는 내화학성 보호도구와 같은 안전장비를 갖춘다.
(예) 보호장갑, 보호장화 등.

- 누출 물질은 유독가스를 배출하므로 방독마스크를 반드시 착용하고 바람을 등진 채 오염 지역보다 낮은 곳으로 대피한다.

- 화재나 폭발이 일어나지 않도록 주변의 점화원을 제거한다.

(3) 질산
(Nitric acid)

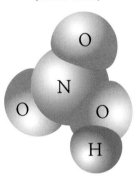

- 토양 누출의 경우 오염 지역을 비가연성 물질로 덮어서 처리하고, 누출물은 별도의 용기에 담아 처리한다.

- 대기 유출의 경우 물 스프레이를 사용해 증기를 감소시킨다.

- 물과 질산이 결합하면 부식성과 유독성을 띄므로 한곳에 모아 처리한다.

- 누출 물질을 다룰 때는 내화학성 보호 도구와 같은 안전장비를 갖춘다.
  (예) 보호장갑, 보호장화 등.

- 누출 물질은 유독가스를 배출하므로 방독마스크를 반드시 착용하고 바람을 등진 채 오염 지역보다 낮은 곳으로 대피한다.

- 화재나 폭발이 일어나지 않도록 주변의 점화원을 제거한다.

(4) 황산
(Sulfuric acid)

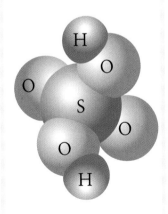

- 대기 유출의 경우 물 스프레이를 사용해 증기를 감소시킨다.

- 토양 누출의 경우 방벽을 쌓아 격리시킨 후 처리하거나 비가연성 물질을 사용해 흡수시킨다.

- 수중 누출의 경우 알칼리성 물질을 사용해 처리한다.
  (예) 석회, 나트륨, 중탄산염 등.

- 누출 물질을 다룰 때는 내화학성 보호 도구와 같은 안전장비를 갖춘다.
  (예) 보호장갑, 보호장화 등.

- 누출물이나 주변 물건을 만질 때는 반드시 보호의를 착용한다.

- 연소 생성물이 흡입될 수 있으므로 반드시 방독마스크나 공기 호흡장치 등을 착용한다.

(5) 포름알데하이드
(Formalin)

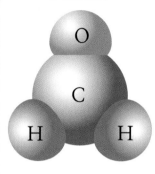

- 토양 누출의 경우 격리하거나 수용할 수 있는 장소를 확보한다.

- 누출물에 석회나 나트륨과 같은 알칼리성 물질을 투입한다.

- 누출물을 다룰 때는 완전 밀폐식 화학 보호복을 착용한다. (단, 화재가 없는 경우)

- 누출 물질을 다룰 때는 내화학성 보호 도구와 같은 안전장비를 갖춘다.
  (예) 보호장갑, 보호장화 등.

- 대기에 누출된 누출물은 공기와 반응할 경우 폭발적인 혼합물이 생성될 수 있으니 주의한다.

- 역화되는 경우를 대비해 주변에 점화원이 있는지 살핀다.

(6) 톨루엔
(Toluene)

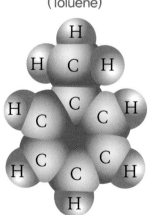

- 대기 유출의 경우 물 스프레이를 사용해 증기를 감소시킨다.

- 토양 누출의 경우 소석회, 중탄산나트륨 등으로 토양을 덮고 수중 누출의 경우 PH농도를 증가시키기 위해 계면활성제를 사용하거나 활성탄을 분사한다.

- 누출 물질을 다룰 때는 내화학성 보호 도구와 같은 안전장비를 갖춘다.
  (예) 보호장갑, 보호장화 등.

- 누출물로 인해 화재가 발생하는 경우 불이 번질 수 있으므로 물 사용에 주의한다.

- 누출 물질은 유독가스를 배출하므로 방독마스크를 반드시 착용하고 바람을 등진 채 오염 지역보다 낮은 곳으로 대피한다.

톨루엔 누출 시 주의사항입니다!

이번엔 벤젠!

(7) 벤젠
(Benzene)

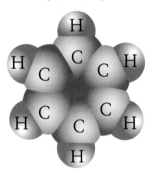

- 토양 누출의 경우 모래나 비활성 흡착제를 사용해 누출물을 흡수시킨다.

- 사용한 흡착제와 종이는 소각해서 처리한다.

- 누출물이 확산되는 것을 막기 위해 콘크리트나 모래주머니를 사용해 제방을 쌓는다.

- 보호 장비를 착용하지 않은 채 누출 물질이나 주변의 물건을 만지지 않는다.

- 누출 물질을 다룰 때는 내화학성 보호 도구와 같은 안전장비 를 갖춘다.
  (예) 보호장갑, 보호장화 등.

- 화재 발생 시 유독성 기체가 방출될 위험이 있으므로 공기호 흡 장치를 반드시 착용한다.

- 누출 물질은 유독가스를 배출하므로 방독마스크를 반드시 착 용하고 바람을 등진 채 오염 지역보다 낮은 곳으로 대피한다.

(8) 과산화수소
(Hydrogen peroxide)

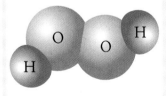

- 토양 누출의 경우 다량의 물을 분사해서 중화시키고 토양 누 출의 경우 누출물 확산을 방지하기 위해 제방을 쌓는다.

- 대기 유출의 경우 물 스프레이를 사용해 증기를 감소시킨다.

- 누출 물질을 다룰 때는 내화학성 보호 도구와 같은 안전장비 를 갖춘다.
  (예) 보호장갑, 보호장화 등.

- 보호 장비를 착용하지 않은 채 누출 물질이나 주변의 물건을 만지지 않는다.

- 화재가 발생하면 안전 거리를 반드시 확보한 후 물을 분사한 다.

(9) 클로로포름
(Chloroform)

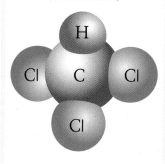

- 토양 누출의 경우 비가연성 물질을 사용해 누출물을 흡수시킨다.
  (예) 질석, 건토 등.

- 수중 누출의 경우 비산화 또는 활성탄 등으로 누출물을 흡수시키고, 대기 누출의 경우 물 스프레이를 사용해 증기를 감소시킨다.

- 누출 물질을 다룰 때는 내화학성 보호도구와 같은 안전장비를 갖춘다.
  (예) 보호장갑, 보호장화 등.

- 누출물이 물과 접촉하거나 수거한 용기가 가열되면 폭발 위험이 있으므로 주의한다.

- 보호 장비를 착용하지 않은 채 누출 물질이나 주변의 물건을 만지지 않는다.

(10) 염화에틸
(Ethyl chloride)

- 토양 누출의 경우 중탄산나트륨, 모래 등을 사용해 누출물을 흡수시키거나 제방을 쌓아 누출물이 확산되지 않도록 조치한다.

- 대기 누출의 경우 물 스프레이를 사용해 증기를 감소시킨다.

- 누출물은 적당한 용기에 넣어서 처리한다.

- 누출 물질을 다룰 때는 내화학성 보호 도구와 같은 안전장비를 갖춘다.
  (예) 보호장갑, 보호장화 등.

- 누출물과 물이 직접적으로 닿지 않도록 주의하고 오염 지역은 호흡 장치 기능이 있는 보호 장비를 반드시 착용한다.

각각의 주의사항을 꼼꼼하게 정리해 보세요!

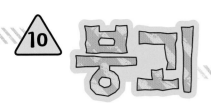

10 붕괴

헤헤~ 내가 안전이보다 더 빨리 쌓았다!

척-

흔들

흔들

우아! 벌써 다 쌓았어? 난 한참 남았는데….

SAFE

흔들

흔들

여태 그것밖에 못 쌓은 거야?

너무 느린데?

와르르르

으악! 이게 뭐야? 내 블록이 무너지다니!

대충 대충 쌓을 때부터 그럴 줄 알았지. 쌤통이다!

하 하 하

에고, 우리 조카가
쌓은 블록이 순식간에
붕괴됐나 보구나.

그래도 금방 다시 쌓을
수 있어요, 삼촌!

급하게 쌓으면 또 금세
무너질 것 같은데….

형 말이 맞아.
안전이처럼 좀 느리긴 해도
아래쪽부터 튼튼하게 블록을
쌓으면 무너지지 않을 테니
천천히 다시 해 보렴.

네, 다시 해 볼게요.

그런데 삼촌,
좀 전에 무너진 블록을 보고
붕괴됐다고 하셨잖아요.

뭔가 높이 쌓여 있던 게
무너지는 걸 붕괴라고
하는 건가요?

맞아. 건축물이나
교량, 육교 등이
허물어져 무너지는 것을
붕괴라고 한다.

좀 더 자세히 이야기하면 붕괴는 폭발이나 화재, 내부 결함이나 부식 등이 원인이 돼서 각종 시설물의 전부 또는 일부가 무너져 내리는 걸 말해.

아, 그렇구나. 신문이나 TV 뉴스에서 건물이 붕괴돼서 재산 피해나 인명 피해가 발생했다는 소식을 종종 들었던 것 같아요.

박사님, 저도 서재에 있는 책에서 붕괴에 대해 읽은 기억이 나요.

붕괴가 발생하면 그 모습에 따라서 분류를 다르게 했던 것 같은데, 맞나요?

잘 기억하고 있구나. 붕괴는 형상에 따라서 세 가지 정도로 분류할 수 있어.

붕괴 형상의 종류

기댄 붕괴 형상

기댄 모습(Lean-to)

1개 이상의 지지벽 또는 바닥 조이스트가 한쪽 끝에서 분리되거나 부서졌을 때, 한쪽 낮은 바닥 위로 다른 한쪽 바닥의 끝이 쓰러지면서 형성.

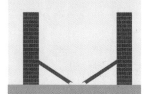

V자 붕괴 형상

V자 모습(V-shape)

바닥 중심 가까운 곳으로 무거운 짐이 놓이면서 붕괴되도록 했을 때 형성.

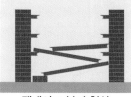

팬케이크 붕괴 형상

팬케이크 모습(pancake)

높은 바닥이 낮은 바닥 위로 붕괴를 일으키고 내력벽이나 기둥이 완전히 부서져 내려앉았을 때 형성.

건물의 붕괴 원인

무단 설계와 무리한 구조 변경 및
설계대로 시공하지 않음.

공사 감독 소홀 및 부실 건축 시공.

소홀한 안전성 점검 및 안전 불감증.

붕괴 조짐 진단 및 붕괴 차단 미흡.

아빠 말씀을 듣고 보니 건물을 지을 때 원칙을 지키지 않으면 붕괴의 위험이 더욱 높아지는 것 같아요.

맞아요. 그리고 건물이 지어진 후에도 정기적으로 붕괴 위험에 대한 검사가 꼭 필요한 것 같아요.

그래. 특히 붕괴는 장시간에 걸쳐 그 조짐이 조금씩 나타나기 때문에 정기적으로 건축물과 시설물을 점검하는 게 아주 중요하지.

아빠, 지진과 같이 자연재해로 인해 건물이 붕괴되는 경우도 있잖아요. 그런데 지진으로 무너지는 건물도 있고 그렇지 않은 건물도 있더라고요.

아, 그래! 아주 좋은 질문이야. 건축물 중에서도 지진에 취약한 구조물이 있단다.

지진에 취약한 구조물

필로티 구조물

1층에 기둥만 있고, 벽체가 없는 건물을 말한다. 벽체가 없는 1층은 상부층에 비해 *연약층이 되어 변형이 크게 발생할 수 있으므로 지진에 매우 취약하다.

*연약층 인접해 있는 다른 층에 비해 약하거나 유연한 부재로 만들어진 층.

필로티 구조물

연약층은 1층의 기둥이 상층부보다 상대적으로 더 길거나 상부층 기둥이 하부층까지 이어지지 않는 경우에 형성된단다.

긴 기둥이 1층에 있거나 상층부 기둥이 단절된 연약층

일반적으로 건물에서 기둥의 길이는 모두 동일해. 하지만 의도하지 않게 짧은 기둥이 되는 경우에도 붕괴가 발생할 수 있지.

지진에 취약한 구조물

1. 단주

단주란 단면에 비해 길이가 비교적 짧은 기둥을 말하며 축 방향으로 힘이 작용하면 휨 없이 눌려서 파괴된다.

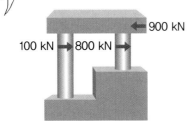

기둥의 길이에 의해 달라진 수평하중

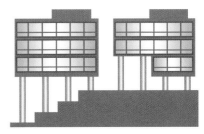

길이가 다른 같은 층의 기둥

2. 단주효과

처음 설계 시 긴 기둥으로 되어 있었으나 외벽에 창을 내려고 벽돌을 쌓아 짧은 기둥이 된 건물을 말한다. 이런 구조물은 창문이 설치되지 않은 내부 기둥에 비해 상대적으로 기둥 길이가 짧아 하중이 집중돼 먼저 붕괴가 일어난다.

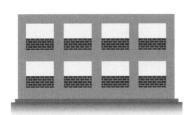

단주 효과

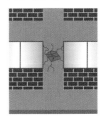

단주 효과로 파괴된 기둥

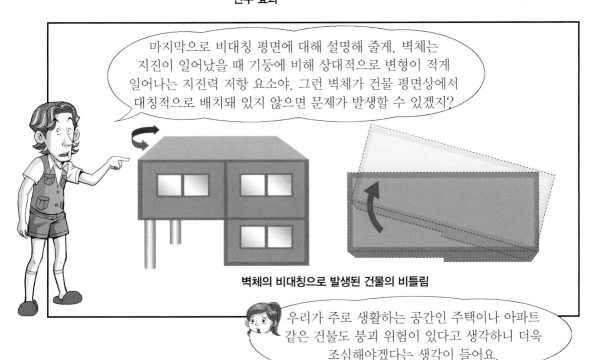

마지막으로 비대칭 평면에 대해 설명해 줄게. 벽체는 지진이 일어났을 때 기둥에 비해 상대적으로 변형이 적게 일어나는 지진력 저항 요소야. 그런 벽체가 건물 평면상에서 대칭적으로 배치돼 있지 않으면 문제가 발생할 수 있겠지?

벽체의 비대칭으로 발생된 건물의 비틀림

우리가 주로 생활하는 공간인 주택이나 아파트 같은 건물도 붕괴 위험이 있다고 생각하니 더욱 조심해야겠다는 생각이 들어요.

건축물이나 시설물의 붕괴를 막기 위해 건축물과 시설물의 안전 상태를 점검하는 '정기점검'이 있단다.

역시 처음부터 제대로 짓고 수시로 점검하는 게 사고를 예방하는 최고의 방법이군요!

또 2년에 한 번씩 건축물 및 시설물의 안전 상태를 살피는 '정밀점검'이 있지.

대충 대충 블록 쌓던 네가 할 소린 아닌 것 같은데?

쳇! 앞으로는 제대로 할 수 있거든!

흥!

그런데 아빠, 얼마 전에 대형 쇼핑센터가 크게 흔들렸다는 뉴스를 본 기억이 나요. 그것도 붕괴 조짐인가요?

척-

아, 그 사건은 나도 기억나는구나.

건물 바닥이 마치 바다 위의 배처럼 흔들려서 사람들이 급히 밖으로 대피한 사건이었지. 그런데 그 사건의 원인은 '공진'이었어.

공진이요? 공진이 뭐예요, 삼촌?

애들아, 그건 내가 설명해 줄게.

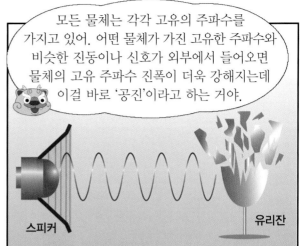

모든 물체는 각각 고유의 주파수를 가지고 있어. 어떤 물체가 가진 고유한 주파수와 비슷한 진동이나 신호가 외부에서 들어오면 물체의 고유 주파수 진폭이 더욱 강해지는데 이걸 바로 '공진'이라고 하는 거야.

스피커

유리잔

공진 현상

건물의 고유한 진동수와 외부에서 가해진 힘에 의해 발생한 진동수가 일치하면서 새로운 진동이 발생하는데 이때 발생한 진동수가 원래의 진동수보다 증폭되는 현상을 공진 현상이라고 한다. 공진의 대표적인 예로 그네의 운동을 생각하면 된다.

그네가 운동하는 고유진동수로 그네가 왔다가 다시 돌아갈 때 힘을 주게 되면 더 큰 힘을 가지게 되어 그네가 높이 올라가는 걸 공진 현상이라고 하지.

아, 그렇구나. 그네로 예를 드니 이해하기 쉽다. 하지만 이런 공진 현상이 건축물에서 일어나지 않게 하는 방법은 없는 거야?

물론 있지. 건물에서 발생하는 공진 현상을 방지하는 방법들이 몇 가지 있어.

공진 현상 방지 방법

건축물이 가진 고유한 진동수와 외부로부터 건축물에 작용하는 진동수를 분석해서 둘 중 하나의 진동수를 변경하거나 동조 질량 감쇠기(TMD)로 건축물의 진동수와 감쇠기 진동수를 일치시켜 건축물의 진동수를 줄인다. 또한 건축물 윗부분에 무거운 추를 달아 진동을 흡수하는 방식이 있는데 아랍에미리트의 부르즈 할리파나 대만 101빌딩의 경우 추 방식을 이용한다.

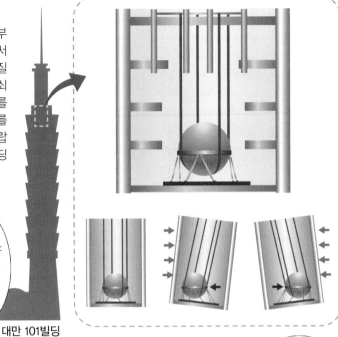

만약 건물 안에서 공진이 발생하면 신속하게 밖으로 대피해야 돼. 하지만 한꺼번에 많은 사람이 이동하면 공진이 악화될 수도 있으니까 주의해야겠지?

대만 101빌딩

안전이가 아주 잘 설명했구나. 공진이 뭔지, 공진 현상이 어떤 건지 잘 알았지?

네, 그런데 아까 붕괴 조짐이 장시간에 걸쳐서 나타난다고 그러셨잖아요.

그럼 붕괴가 발생하려고 할 때 나타나는 현상에는 뭐가 있어요?

그렇지! 그럼 붕괴의 징후에 대해서 설명해 줄게.

붕괴의 징후

- **구조 안전**
  - 시설물 주변 옹벽이나 축대의 침하 및 균열 또는 변형, 축대 위 흙의 침하와 침수 등
  - 시설물이 기울어지고 벽에 균열 발생, 지반 부분침하 및 융기 등
  - 구조물 기둥의 상·하부 또는 중앙에 규칙적인 균열 집중

- **내구성 결함**
  - 타일 탈락, 누수, 백화현상 및 부식된 철재의 외부 노출

- **생활 안전상 결함**
  - 불안정한 상태의 각종 난간 및 가파른 계단 등의 불안전한 현상

와, 다양한 곳에서 붕괴의 징후를 포착할 수 있네요.

그러게요. 계단이나 난간 같은 곳에서도 붕괴의 징후가 보인다는 건 처음 알았어요.

그렇지? 특히 건물이 붕괴될 때 생기는 징조들은 매우 다양하기 때문에 잘 알아둘 필요가 있어.

건물 붕괴 징조

❶ 건물 바닥이 갈라지고 함몰되거나 창이나 문이 뒤틀려 여닫기 곤란한 경우

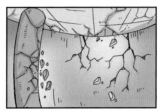

❷ 바닥의 기둥 부위가 솟거나 중앙 부위에 처진 현상이 발생하고 기둥이 휘는 경우

❸ 화염에 철강재가 노출되거나 철거 중인 건축물에 화재가 발생하는 경우

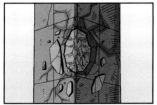

❹ 기둥 주변에 거미줄형 균열이 생기고 마감재 등이 부분적으로 떨어져 나가는 경우

❺ 벽과 바닥에서 얼음 깨지는 듯한 소리의 균열이 발생하는 경우

❻ 동물이 평소와 달리 갑자기 짖거나 불안해하는 경우

그렇구나. 붕괴 조짐들을 잘 기억해서 혹시라도 생길 수 있는 사고에 대비해야겠어요.

삼촌, 만약 붕괴 사고로 매몰이 되면 어떻게 대처해야 할까요?

지금부터 붕괴 사고로 인해 사람이 매몰됐을 때 어떻게 해야 하는지 알려줄게.

건물 붕괴로 매몰된 경우

옷가지 등으로 입과 코를 막아 먼지 흡입을 최소화하고, 불필요한 활동으로 체력을 소모하지 않는다.

구조 요청을 위해 규칙적으로 벽이나 파이프 등을 두드리고, 물과 음식을 찾아 먹으면서 체온을 잃지 않도록 한다.

휴대전화나 통신기기 등은 매몰자를 찾는 데 중요하므로 일정한 시간에만 켜서 배터리를 절약한다.

붕괴 이후 2차 붕괴가 발생할 수 있으니 견고한 테이블 밑이나 창문 등이 없는 단단한 벽체 옆에서 구조를 기다린다.

자, 붕괴가 발생할 때 감지되는 징후가 무엇인지, 붕괴 사고로 매몰됐을 때 어떻게 해야 하는지 잘 알겠지?

네, 그런데 삼촌 말씀을 막상 들어보니까 실제로 그런 사고가 발생하면 많은 사람이 다치고 구조하는 데도 애를 먹을 것 같아요.

그렇지. 실제로 우리나라에서도 큰 붕괴 사고가 여러 번 일어났었지.

아! 성수대교 붕괴 사고 말씀하시는 거죠?

그래, 맞아. 많은 인명 피해를 발생시킨 사고였지.

박사님, 우리나라에서 발생한 붕괴 사고에 대해서 좀 더 설명해 주세요.

그럼 성수대교 붕괴 사고와 삼풍백화점 붕괴 사고에 대해 알아볼까?

성수대교 붕괴 사고

1994년 10월 21일 오전 7시 40분, 서울 성동구 성수1가와 강남구 압구정동을 잇는 교량인 성수대교가 붕괴됐다. 성수대교의 10번째와 11번째의 교각 사이 120 m 중에 48 m의 현수 트러스가 갑자기 꺼지면서 한강에 내려앉은 것이다. 이때 다리 위에서 주행 중이던 차량 6대가 함께 추락하면서 많은 사상자가 발생했다.

세상에,
저 다리가 무너졌다니
상상이 안 가요.

이 사고로 32명이 사망하고 17명이 부상을 당했다. 성수대교는 한남대교와 함께 사고 위험이 큰 교량이었지만 관계당국은 문제가 있는 부분들에 대한 보수 및 보강을 실시하지 않았다. 이 사고로 관계당국은 모든 시설물에 대한 안전관리를 실시하고 '안전관리 특별법'을 제정해 안전관리 체계를 법제화했다.

삼풍백화점 붕괴 사고

1995년 6월 29일 오후 5시 55분경, 서울 서초구에 위치한 삼풍백화점이 무너지는 사고가 발생했다. 백화점 A동 5층에 있는 식당부 바닥이 가라앉으면서 전층의 바닥판 하중이 인접한 기둥으로 전달되었고 연쇄적인 전단파괴가 붕괴로 이어졌다.

백화점 같은 곳은
사람들이 항상 많이 있는
곳이라서 그 피해가 더
컸나 봐요.

삼풍백화점 붕괴는 건축을 비롯해 시공, 유지관리에 이르기까지 총체적인 부실시공에 의한 사고였다. 이 사고로 502명이 사망하고 937명이 부상당했으며 6명의 실종자가 발생했다. 사고 이후 미흡한 구조 활동 역시 많은 피해자를 낸 원인 중 하나로 지목됐다.

맞아. 처음부터 제대로
건물을 짓고, 제때에 철저한
안전점검을 통해서 유지관리를
했다면 이런 엄청난 인명 피해가
발생하지는 않았을 거야.

박사님, 이 두 사고와 예전
칠레에서 발생한 광산 붕괴 사고가
대비되는 것 같아요.

아, 그래. 광산에 매몰됐던
광부 33명이 모두 무사히 구출된
기적과도 같은 일이 있었지.

칠레 광부 매몰 사건

2010년 8월 6일 칠레 북부 코피아
포 산호세 구리광산에서 발생한 붕
괴 사고로 지하 700여 m 아래 광
부 31명을 포함한 총 33명이 매몰
됐다. 열악한 환경에서도 구조 작
업은 계속 진행됐고 전 세계적으로
도움의 손길이 닿으면서 이들은 매
몰된 지 69일 만에 33명 전원이 무
사히 구조되었다.

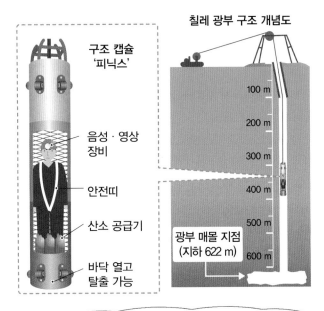

구조 캡슐
'피닉스'

음성·영상
장비

안전띠

산소 공급기

바닥 열고
탈출 가능

칠레 광부 구조 개념도

100 m
200 m
300 m
400 m
500 m
600 m

광부 매몰 지점
(지하 622 m)

와~ 그 좁고 어두운
곳에서 69일이나 버텼다니
믿을 수가 없어요.

그렇지? 매몰 초기엔 극심한 공포감으로
절망적인 분위기였겠지만, 시간이 지나면서
냉정을 되찾고 질서를 유지하면서 구조를
기다렸기 때문에 살아남을 수 있었을 거야.

붕괴에 대해서 이야기를 하다 보니 안전 불감증이 큰 사고로 이어질 수 있다는 걸 알겠어요.

그래. 게다가 불량자재와 부실시공으로 세워진 건축물이나 시설물들이 여전히 존재하기 때문에 예방과 점검은 반드시 필요하단다.

으흠, 저도 이제 무너지지 않는 튼튼한 블록을 쌓을 거예요.

부르르르

어! 붕괴 조짐인가?

빨리 대피해야 하는 거 아니에요?

와르르르

내가 스마트폰을 진동으로 해놔서 그래. 미안!

하 하 하 하

붕괴가 의심돼서 바로 대처한 것뿐이거든!

버럭

휴대폰 진동에 놀라서 호들갑 떤 거야?

삼풍백화점 붕괴 사고

1995년 6월 29일 저녁, 서울특별시 서초구 서초동에 위치한 삼풍백화점이 무너지는 사고가 발생했다.

건설된 지 5년이 넘은 이 백화점은 매일 4만여 명의 고객이 찾는 백화점으로 누구도 건물이 무너지질 것이라는 예상은 하지 못했다.

삼풍백화점 붕괴 조짐은 사고 전부터 건물 전반에 걸쳐 발견되고 있었다. 약간의 흔들림과 삐걱대는 소리, 금이 간 천장 등 갖가지 징후들이 보였고, 1995년 4월부터 옥상이 조금씩 내려앉기 시작했다.

붕괴 당일인 6월 29일 오전 9시 삼풍백화점 5층, 식당 바닥에서 2 m

의 돌출 부분이 생기고 천장은 뒤틀림과 동시에 벽엔 금이 가 있었다.

백화점은 붕괴 당일인 오후 1시, 5층을 폐쇄했고 4층 매장도 철수했지만, 백화점 관계자는 칸막이를 치고 보수 공사를 하라고 작업자에게 지시했다.

붕괴 16분 전인 오후 5시 41분. 백화점 중앙홀에 붕괴 조짐이 생겨 이상하게 느낀 직원들이 일부 손님들을 대피시켰지만, 그 외 손님들은 영문을 모른 채 쇼핑을 계속하고 있었다.

1995년 6월 29일 오후 5시 57분, 5층의 가장 약한 기둥이 무너지고 백화점 옥상이 밑으로 주저앉았다. 이후 차례로 모든 층이 무너졌다. 붕괴까지 걸린 시간은 단 20초였다.

이 사고로 1,500여 명이 매몰되었고, 그 중 사망자는 502명, 부상자는 937명, 실종자는 6명

으로 밝혀졌다.

삼풍백화점은 준공검사를 무시한 채 가사용 승인만으로 개점한 데다 부실 시공을 비롯해 무리한 건축, 안전 무시, 용도 변경, 건축소장의 조언 무시, 붕괴 조짐에 대한 미흡한 대처 등이 더해진 예견된 인재였다고 할 수 있다.

/ 재난뉴스 기자

재난대처방법 붕괴

건물 내부에 있을 경우 ❶

☐ 당황하지 말고 주변을 살펴 대피로를 찾는다.

☐ 견디는 힘이 강한 엘리베이터 홀과 화장실 같은 곳을 찾아 임시로 대피한다.

☐ 주위 사람과 협력해 밖으로 탈출 가능한 통로를 찾고 완강기나 밧줄 등을 이용해 탈출한다.

건물 내부에 있을 경우 ❷

☐ 대피 중 위급한 상황이 발생할 수 있으므로 건물에 대해 상대적으로 잘 아는 성인이 선두에 서서 이동한다.

☐ 낙하물에 머리가 다치지 않도록 가방이나 방석 등으로 보호하면서 신속하고 질서 있게 대피한다.

☐ 대피하는 중에는 가급적 장애물들을 건드리지 않도록 주의하고 불가피하게 장애물을 없애야 한다면 추가 붕괴에 대비한다.

건물 외부에 있을 경우

☐ 추가 붕괴 및 폭발 등의 위험이 없는 안전한 지대를 찾아 대피한다.

☐ 건물 밖에 있던 사람들은 추가적인 피해에 노출되지 않도록 사고 현장에 접근하지 않도록 주의한다.

☐ 붕괴 지역을 지날 때는 불안정한 물체와 최대한 떨어져 이동하고, 가방이나 방석 등으로 머리를 보호한다.

잔해에 깔린 경우

- ☐ 가급적 편안한 자세를 유지하면서 불필요한 체력 소모는 줄이고 구조를 요청한다.
- ☐ 소리를 지르거나 파이프와 같은 곳을 규칙적으로 두드리면서 구조를 요청하고, 가능하다면 119에 신고한다.
- ☐ 비교적 안전한 곳에 매몰된 경우에는 그 장소에 머무르고 계단이나 엘리베이터는 이용하지 않는다.
- ☐ 잔해에 깔려 몸을 움직이지 못하는 상황에서는 수시로 손가락과 발가락을 움직여 혈액순환이 잘 되도록 한다.

공사장 붕괴 시

- ☐ 주변을 살펴보고 강한 벽체가 있는 곳으로 임시 대피한다.
- ☐ 탈출에 필요한 물품(손전등, 로프 등)이 있는지 찾아보고 탈출로가 없는지 살핀다.
- ☐ 대피하는 중에는 가급적 장애물들을 건드리지 않도록 주의하고 불가피하게 장애물을 없애야 한다면 추가 붕괴에 대비한다.
- ☐ 밖으로 나오면 추가 붕괴의 위험이 없는 곳으로 대피하고 사고 현장 근처에 접근하지 않는다.

도로 및 지하철 공사장 붕괴 시

- ☐ 도로 붕괴 시 차량에 탑승한 경우라면 신속하게 하차한 후 다른 사람들에게 사고 상황을 알린다.
- ☐ 도로 붕괴 시 사고와 인접한 건물에 있는 경우라면 차량을 이용하거나 주차장으로 가지 말고 옥상에서 구조를 기다린다.
- ☐ 지하철 공사장 붕괴 시 2차 붕괴나 추락 등의 사고에 대비하고, 많은 사람이 이동하는 경우 압사 사고가 발생하지 않도록 질서를 지켜 대피한다.
- ☐ 붕괴 현장을 목격하면 119(소방서), 112(경찰서), 120(서울특별시 다산콜센터) 등과 같은 관계기관에 즉시 신고한다.

재난지식 노트

지진에 대비한 건축 설계 방법을 기억해요!

생활 속의 공진

(1) 그네

그네를 움직이려면 그네가 가까이 왔다가 다시 멀어질 때를 맞춰서 힘을 주어야 한다. 그네가 흔들리는 진동수에 맞게 밀어 주기 때문에 큰 힘을 들이지 않고 그네를 멀리 밀 수 있는데, 이때 공진이 발생하는 것이다.

(2) 전자레인지

전자레인지가 방출하는 마이크로파에 의해 음식물에 있는 물 분자가 공명 현상을 일으키면서 강하게 진동한다. 이때 만들어지는 열에너지가 음식물의 온도를 높이면서 조리되는 것이다.

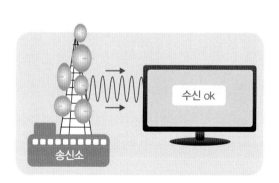

수신 ok

송신소

(3) 라디오 · 텔레비전

공진을 이용해 원하는 채널을 찾을 수도 있다. 방송사가 송출하는 전파의 진동수와 회로 안의 진동수를 같게 만들어서 공진을 일으키는 원리다.

(4) 자동차 멀미

우리의 몸은 고유의 진동수를 가지고 있고 사람마다 고유 진동수는 다르다. 또 각 신체 부위마다 공진수도 다르다. 자동차를 탔을 때 자동차가 흔들리면서 생기는 진동수와 인체의 뇌가 가진 고유 진동수가 같아지면 떨림이 심해지면서 멀미가 발생한다.

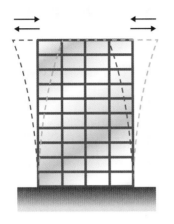

(1) 내진설계

건축물 내부에 내진벽과 같은 부재를 설치해서 건물의 구조나 내부 시설물이 지진으로부터 발생하는 지반의 흔들림에도 붕괴되지 않도록 튼튼하게 설계하는 것이다. 구조물 자체를 튼튼하게 설계하는 방법이지만 이 내진설계만으로 대규모 지진을 버티는 데는 무리가 있다.

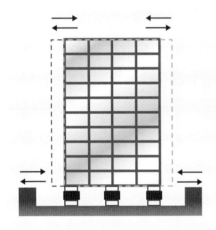

(2) 면진설계

지진이 발생하며 생긴 진동주기를 길게 변화시켜 건축물이 받는 에너지를 줄이는 설계 방식이다. 지진으로 인한 파동의 에너지는 주기가 짧으면 그 충격이 더욱 크기 때문에 이를 변화시켜서 충격을 완화시키는 것이다.

(3) 제진설계

건물에 별도로 설치된 장치를 사용해 지진으로 인해 전달되는 진동을 감지하는 설계 방식이다. 감지되는 진동에 따라 이에 대응하는 진동을 발생시켜서 건물에 전달되는 진동을 줄이는 방법을 적용한 것이다.

건축물 및 시설물 붕괴 관련 질병

(1) 압좌 증후군(Crushing syndrome, 짓눌림 증후군)

붕괴된 건물이나 파편 등에 신체가 깔려 오랫동안 근육이 압박을 받은 후 나타나는 증상이다. 넓은 부위의 근육이 손상되어 전신 증상이 생기기도 하는데 주로 심장이나 신장 등에 문제가 발생한다. 구조 당시에는 큰 이상이 없어 보이는 환자도 갑자기 사망하는 경우가 있고 생존자도 치료가 지연되면 신장의 기능이 떨어지는 경우도 많다.

(2) 재순환 증후군(Recirculation syndrome)

외상을 받던 신체 부위가 건물 붕괴 시 매몰되어 눌려 있게 되면 혈액순환이 차단된다. 이후 구조가 되면 혈액이 순환되면서 순간적으로 피가 모자라게 되는데 이 때 의식 상실이나 쇼크 상태 등이 발생할 수 있다.

(3) 손상질식(Traumatic asphyxia)

가슴 부위에 갑자기 심한 압력이 가해지면 정맥의 혈압이 올라가고 목구멍의 숨길이 막히게 된다. 이런 상황이 지속되면 청색증, 결막 출혈을 비롯해 눈의 망막이 부어올라 일시적으로 시력이 손상되거나 시력을 상실할 수 있다.

(4) 압좌 질식(Crush asphyxia)

사람이 가득 차 있는 한정된 공간에서 사람에 의해 또는 다른 요인들로 인해 가슴, 배 등에 힘이 천천히 지속적으로 가해지면서 숨쉬기가 불가능해지는 것을 말한다. 천천히 배와 가슴이 눌리면서 호흡이 어려워지고 점차 의식을 잃게 된다. 이 상태가 지속되면 산소 부족으로 인한 뇌 손상이 오고 심장이 정지될 수 있으며, 의식을 잃은 후 사람에게 밟히는 등의 2차 손상으로 심각한 문제가 발생할 수도 있다.

참고 자료

문헌

송창영, 〈재난안전 A to Z〉(기문당, 2014)
서울특별시〈우리 아이를 위한 생활 속 환경호르몬 예방 관리〉(2015년)
서울특별시 도시안전실 도시안전과〈생활안전길라잡이〉(2012)

관련 홈페이지

행정안전부(http://www.mois.go.kr)
한국소비자원(http://www.kca.go.kr)
한국소비자원 어린이 안전넷(https://www.isafe.go.kr)
국가법령정보센터(http://www.law.go.kr)
한수원 공식 블로그(https://blog.naver.com/i_love_khnp)
질병관리본부 국가건강정보포털(http://health.cdc.go.kr)
키즈현대(http://kids.hyundai.com)
식품의약품안전처(https://www.mfds.go.kr)
보건복지부(http://www.mohw.go.kr)
대한의학회(http://kams.or.kr)
미국 CPSC(소비자 제품 안전 위원회)(http://www.cpsc.gov)
통계청(http://kostat.go.kr)
중앙치매센터(https://www.nid.or.kr)
소방청 국가화재정보센터(http://www.nfds.go.kr)
한국전기안전공사(http://www.kesco.or.kr)
한국가스안전공사(https://www.kgs.or.kr)
산림청(http://www.forest.go.kr)
국제 암 연구기관(https://www.iarc.fr)
도로교통공단(https://www.koroad.or.kr/)
경찰청(http://www.police.go.kr)
서울교통공사(http://www.seoulmetro.co.kr)
국토교통부(http://www.molit.go.kr)
서울특별시(http://www.seoul.go.kr)
mecar(https://mecar.or.kr)
교육부(http://www.moe.go.kr)
과학기술정보통신부(https://www.msit.go.kr)
스마트쉼센터(http://iapc.or.kr)
해양환경공단(https://www.koem.or.kr)
문화체육관광부(http://www.mcst.go.kr)
스포츠안전재단(http://sportsafety.or.kr)